中豌 4 号盛花期

饲用紫花豌豆

串叶松香草

1

野大麦

小黑麦

燕 麦

2

菊苣

苦荬菜

饲用苋菜

3

饲用甜菜

华南 9 号木薯

木薯块根

4

饲料作物栽培与利用

李　聪　孙云越　编著

金盾出版社

内 容 提 要

本书由中国农业科学院北京畜牧兽医研究所李聪研究员等编著。作者从植物学特征、生物学特性、栽培技术、营养价值和利用等方面入手，对谷类、豆类、叶菜类、根茎类、瓜类饲料作物，水生和其他饲料作物做了深刻论述。特别是作者还详尽地介绍了从国外引进和国内培育的80多个饲料作物新品种，都具有很好的经济效益，可供选种。本书可供农牧民和基层畜牧兽医工作者阅读，也可供农业院校相关专业师生参考。

图书在版编目(CIP)数据

饲料作物栽培与利用/李聪等编著. —北京：金盾出版社，2006.12
ISBN 978-7-5082-4333-7

Ⅰ.饲… Ⅱ.李… Ⅲ.饲料作物-栽培 Ⅳ.S54

中国版本图书馆 CIP 数据核字(2006)第 131203 号

金盾出版社出版、总发行
北京太平路 5 号(地铁万寿路站往南)
邮政编码：100036 电话：68214039 83219215
传真：68276683 网址：www.jdcbs.cn
彩色印刷：北京印刷一厂
黑白印刷：北京四环科技印刷厂
装订：第七装订厂
各地新华书店经销
开本：787×1092 1/32 印张：7.125 彩页：4 字数：156 千字
2010 年 1 月第 1 版第 5 次印刷
印数：37001—47000 册 定价：11.00 元
(凡购买金盾出版社的图书，如有缺页、
倒页、脱页者，本社发行部负责调换)

编著者单位：中国农业科学院北京畜牧兽医研究所
通信地址：北京市海淀区圆明园西路 2 号
邮编：100094 电话：010-62815998
电子邮箱：Licong0520@Sina.com

目　　录

第一章　饲料作物概述……………………………… (1)

　一、饲料作物栽培与利用的目的意义 ……………… (1)

　二、如何选择适宜的饲料作物 ……………………… (2)

　三、饲料作物轮作及青饲料轮供 …………………… (3)

　四、饲料作物加工调制与贮藏 ……………………… (6)

　五、饲料作物栽培技术要点………………………… (14)

第二章　谷类饲料作物 ……………………………… (24)

　一、玉米……………………………………………… (24)

　二、高粱……………………………………………… (41)

　三、大麦……………………………………………… (53)

　四、燕麦……………………………………………… (59)

　五、黑麦……………………………………………… (65)

　六、小黑麦………………………………………… (69)

　七、谷子…………………………………………… (73)

　八、湖南稷子……………………………………… (77)

　九、珍珠粟………………………………………… (82)

　十、荞麦…………………………………………… (87)

第三章　豆类饲料作物 …………………………… (90)

　一、大豆…………………………………………… (90)

　二、豌豆…………………………………………… (96)

　三、蚕豆………………………………………… (103)

　四、绿豆………………………………………… (108)

第四章　叶菜类饲料作物………………………… (113)

　一、苦荬菜……………………………………… (113)

　　二、牛皮菜 …………………………………………… (119)

　　三、饲用苋菜 ………………………………………… (123)

　　四、甘蓝 ……………………………………………… (132)

　　五、山菠菜 …………………………………………… (135)

　　六、菊苣 ……………………………………………… (138)

第五章　根、茎类及瓜类饲料作物 …………………… (142)

　　一、甜菜 ……………………………………………… (142)

　　二、甘薯 ……………………………………………… (147)

　　三、马铃薯 …………………………………………… (152)

　　四、芜菁 ……………………………………………… (156)

　　五、胡萝卜 …………………………………………… (161)

　　六、菊芋 ……………………………………………… (164)

　　七、蕉芋 ……………………………………………… (168)

　　八、南瓜 ……………………………………………… (171)

　　九、佛手瓜 …………………………………………… (175)

　　十、木薯 ……………………………………………… (178)

第六章　水生饲料作物 …………………………………… (183)

　　一、水葫芦 …………………………………………… (184)

　　二、水浮莲 …………………………………………… (188)

　　三、水花生 …………………………………………… (192)

　　四、水竹叶 …………………………………………… (195)

　　五、绿萍 ……………………………………………… (198)

第七章　其他饲料作物 …………………………………… (202)

　　一、聚合草 …………………………………………… (202)

　　二、串叶松香草 ……………………………………… (206)

附录　饲料作物供种单位通讯录 ………………………… (211)

参考文献 …………………………………………………… (217)

第一章 饲料作物概述

一、饲料作物栽培与利用的目的意义

从世界各国农业发展的经验来看,随着国民经济水平的不断提高,种植业在农业中的比重呈现出逐步下降的趋势,而畜牧业在农业中的比重却会出现稳步上升的现象。我国近30年来畜牧业发展的历程也充分证实了这一点。1978年我国畜牧业产值占农业总产值的比重只有13%,而到1998年已达到28.5%,2005年已上升到33%,发展畜牧业已经成为农牧民增加收入的主要途径之一。发达国家的实践证明,畜牧业产值占农业总产值的比重超过50%是农业现代化的必要条件之一。因此,为了实现我国农业的现代化,将毫无疑问地要大力促进畜牧业生产的发展。

饲料是发展畜牧业的物质基础,饲料的数量和质量直接影响着畜禽的生产力及其产品的好坏。当前我国农业结构正在调整,畜牧业在农业中的比重正在上升,但是没有充足的、营养全面的饲料,畜牧生产是不可能大幅度提高的。随着人民生活条件的改善,对畜产品的需求与日俱增。因此,也就需要更多更好的饲料来支持畜牧业的发展。同时,许多饲料作物除具有饲用价值外,还兼有固氮养地、防风固沙、防治水土流失及涵养水源等功能。在当前退耕还草、西部大开发和全国生态环境治理等建设中,饲料作物正居于越来越重要的地位。发达国家的实践证明,畜禽所需的饲料,除了从天然草地上获得一部分外,还必须通过大量建植稳产、高产、优质的人工草地、广泛栽培种植饲料作物,才能获得足够的优质饲料,以满足日益发展的畜牧业的需要。

饲料作物是指以作为家畜饲料利用为目的而栽培种植的作物。栽培的饲料作物主要有禾谷类、豆类、叶菜类、块根块茎类、瓜类及水生植物类等,如饲用玉米、饲用高粱、燕麦、大豆、甜菜、胡萝卜、马铃薯、南瓜、水花生等。但饲料作物与牧草的界限往往很难分清,西方国家将苜蓿等牧草也广义地统称为饲料作物。各类饲料作物含有不同的营养物质,畜禽生长发育和繁殖所需要的营养物质概括起来有水分、蛋白质、碳水化合物、脂肪、无机盐、维生素等六大类。这六类营养物质除水分外,都要从饲料中获得,食入动物体内后才能转化为畜产品。因此,饲料作物栽培与利用是一项十分重要的工作,只有抓好这项工作,才能为畜牧业生产发展奠定可靠的基础。饲料作物栽培与利用技术就是要综合应用现代农业的科技知识,通过田间管理等技术,以实现饲料作物的高产、稳产和优质生产,并使其有效地被饲养的畜禽所转化利用,为畜牧业生产发展服务。

二、如何选择适宜的饲料作物

饲料作物应根据各地气候、土壤条件、饲养畜禽的种类及其利用饲料的特点进行选择。不同家畜对饲料有不同的要求。如牛、羊、马等家畜,消化粗纤维的能力较强,饲料中除需要部分精料外,还需要大量粗饲料,包括青草、干草、青贮料等。而奶牛则需要更多蛋白质含量高的豆类饲料、青贮料、青饲料及块茎类多汁饲料。例如,北京市奶牛的饲料,除供应大量豆饼外,其专用饲料地主要种植供青贮用的大麦、黑麦、燕麦、小黑麦、玉米及甜高粱,还有多汁饲料甜菜及胡萝卜等。猪消化纤维的能力较低,饲料中除用禾谷类籽实和豆饼(粕)等作为精料外,也需要柔嫩多汁、粗纤维少的青饲料,常用的青绿多汁饲料有饲用苋、苦荬菜、牛皮菜、甘蓝、南瓜、甘薯及马铃薯等。兔及鹅也是食草动物,如同牛、羊一样能够消化大量的青饲料。兔可利用青饲草、干草及农副产品秸秆、秕壳等,各种青饲料及牧草都很适宜,如青刈麦类、饲用苋、苜蓿、甘薯藤等。鹅除上述青饲料外,还可利用大量水生饲料如水葫芦、水浮莲、水花生及绿萍等。鱼类中的草鱼也是食草动物,而且利用青饲料的效率比草食家畜高。草鱼喜食柔嫩多汁的青饲料,如苦荬菜、饲用苋、聚合草、水生饲料等,青刈麦类也是饲喂草鱼的好饲料。

不同地区适宜种植的饲料作物不同。如东北地区及内蒙古自治区种植的饲料作物有燕麦、大豆、秣食豆、饲用苋、甜菜、胡萝卜、马铃薯等。长江流域及其以南地区的饲料作物有玉米、高粱、苦荬菜、饲用苋、牛皮菜、甘蓝以及水浮莲、水葫芦等水生饲料。因此,各地要因地制宜去选择种植适合的饲料作物。

三、饲料作物轮作及青饲料轮供

(一)饲料作物轮作

轮作是一种科学的种植制度,对合理地利用自然条件及土地资源,培肥地力,控制田间病虫害的发生,充分发挥各种饲料作物的生产潜力,实现高产、稳产具有重要作用。各类饲料作物具有不同的生育特点,对光、热、水、土及养分的要求也不一样。因此,应有不同的轮作方式和顺序。例如禾谷类作物宜种在豆类作物之后,可以利用豆类作物固定的氮素及留在土壤中的大量养分和有机质;而豆类作物宜种植在消耗地力较多的作物之后,以依靠本身的固氮作用,恢复和培肥地力;块根块茎类作物由于利用土壤养分与禾谷类作物不同,可与禾谷类作物倒茬种植。上述轮作表明,前作为后作创造了增产条件,而后作又为前作补充了不足,还可以减少杂草及病虫的危害,互相促进,互相补充,可形成一个作物良性循环的生产过程,既能充分利用环境条件,又能提高单位面积的总产量和效益。因此,各地饲料作物生产也多采取轮作方式。

适于北方的饲料作物轮作有下列几种模式:第一,燕麦或大麦(或小黑麦、黑麦)→大豆→青贮玉米→甜菜→饲用瓜类→胡萝卜、马铃薯。第二,燕麦加春箭筈豌豆→冬大麦或黑麦(或小黑麦)→芜菁→青贮玉米→豌豆→胡萝卜。第三,青刈大麦或黑麦(或小黑麦)→青贮玉米加大豆→胡萝卜→青贮玉米→甘薯。

(二)青饲料轮供

青饲料轮供就是指一年四季能给家畜不断地供应青绿饲料。在家畜饲料中,除了精饲料及粗饲料外,还需要许多青绿多汁饲料,这类饲料与其他饲料相比,含水分多,且富含维生素和无机盐,柔嫩多汁,适口性好,也是家畜饲养中不可缺少的饲料之一。为解决全年不"断青"的问题,常采取收集、种植及贮存相结合的办法,可以获得良好的效果。一是收集野生青草,以及大田生产中可提供的青绿饲料(如甘薯藤等);二是饲料地轮流收获的青饲料;三是贮存的块根块茎饲料及调制好的青贮料,作为冬、春季节的青饲料。上述三种来源的青饲料结合利用得好,就能达到全年不"断青",月月有青饲料供应的目的。四川省内江地区种猪场的青饲料轮供制如表1-1所示。

表1-1　四川省内江地区种猪场青饲料轮供制

饲料作物	月份											
	1	2	3	4	5	6	7	8	9	10	11	12
牛皮菜		←				→						
青刈蚕豆	←			→								
春甘蓝					←	→						
青刈油菜	←		→									
胡萝卜											←	→
饲用苋菜					←	→						
青刈荞麦					←	→						
甘薯种薯				←							→	
青刈甘薯藤							←					→
青刈绿豆							←	→				
蕹菜											←	→
秋甘蓝	←	→									←	→
春牛皮菜					←			→				
水浮莲						←						→

　　该地区气候温暖,作物四季均能生长,这是全年不"断青"的有利条件。但青饲料生产也有旺季和淡季之分,合理搭配十分重要。在生产旺季以甘薯藤、牛皮菜、饲用苋及青刈蚕豆为主,分期收获利用。在冬天生长淡季,除直接收获秋甘蓝青饲料外,还可收获大量胡萝卜搭配利用,做到全年平衡供应。

北方青饲料供应期短,如华北地区直接利用青饲料时间约为半年,其余半年主要靠青贮料及块根块茎类多汁饲料解决。

四、饲料作物加工调制与贮藏

饲料的营养价值不仅决定于饲料作物本身,而且也受加工调制与贮藏的影响。经过加工调制的饲料,能改善理化性质和营养品质,消除饲料中的有害有毒物质,增加适口性,提高消化率。因此,加工调制是开辟饲料来源、充分利用各种饲料的有效途径。

(一)青贮饲料的调制

青贮饲料是新鲜的青饲料经过在密封青贮容器厌氧环境中微生物的发酵作用调制而成的。更确切地说,青贮饲料是在厌氧条件下经过乳酸菌发酵调制保存的青绿多汁饲料。它能长期保存青饲料的营养成分,具有酸香味,柔嫩多汁、适口性好,耐贮藏,可供家畜在冬、春季节或全年利用。青贮饲料主要用于饲喂反刍家畜,如奶牛、肉牛、奶羊、肉羊等。

1. 青贮设施 调制青贮料的设施种类很多,主要有青贮窖、青贮塔和青贮袋三种类型。

(1)青贮窖 这是我国广大农村最常用的、较为经济实用的青贮设施。青贮窖分地下式及半地下式两种,前者适用于地下水位低的地区,后者适用于地下水位高的地区。窖址一般应选择地势高,土质坚实,地下水位低,背风向阳,距畜舍近的地方。青贮窖以圆形或长方形为好。窖壁最好用砖砌成,然后以三合土或水泥抹面,使内壁光滑、不透气、不漏水,以减少青贮饲料水分被窖壁吸收和便利于压紧青贮饲料。窖底一般只用砖铺地面,不抹水泥,以便使多余的水分渗漏。青贮窖的规格,一般圆形窖的直径为2～4米,深3～5米。长方形窖的口径1.5～3米,深2.5～4米,长度可根据需要而定。如超过5米时,最好每隔4米砌一横墙,以加固窖壁、防止倒塌。为了方便,也有使用简便土窖的,但四周要铺垫塑料薄膜。如第二年再使用时,要清除上年残留的饲料及泥土,以防杂菌污染。青贮饲料的需要量可按家畜头数、每日饲喂量及饲用天数计算。原料的种类不同,单位容积青贮的重量也有所不同。如每立方米的玉米秸青贮料重约500千克,甘薯藤青贮料重约600千克。在青贮发酵过程中,原料下沉率一般为10%～20%。因此,每立方米的青贮料,实际需1.1～1.2立方米的容积。

(2)青贮塔　是在地面上用砖石和水泥或金属制成的永久性塔形建筑,经久耐用,但成本较高。在地下水位较高的地方使用较为适宜。它适用于机械化程度较高、饲养规模较大、经济条件较好的养殖场。一般青贮塔直径4～6米、高13～15米,塔顶有防雨密封设施,塔身一侧每隔2～3米留一个60厘米×60厘米的观察窗口,塔底留一个便于开关的取料口。青贮原料通过机械从塔顶填充、压实。青贮塔封闭严实、下沉紧密、发酵充分,其青贮料的质量较高。

(3)青贮袋　利用塑料薄膜袋装青贮饲料,具有经济实用,操作简便易行的优点。由于塑料工业的快速发展,目前已在生产中推广应用这一方法。一般选用厚度为0.8～1毫米、宽100厘米的无毒双幅塑料薄膜,将一端粘实做成口袋,袋的长短可根据装料多少灵活掌握。小型袋宽一般为50厘米,袋长80～120厘米,每袋装40～50千克青贮料。制作青贮料时,边装边压,逐层装填压实,然后将袋口扎紧,放置阴凉处。

存放期间注意防止人、畜损坏，以免造成漏气而霉烂变质。除使用扎口式的青贮塑料袋外，近年来开始利用小型裹包青贮机，将收割的饲料适度切割揉碎后，用高密度打捆机压实打捆，然后用裹包机将压实的草捆以塑料拉伸膜裹包起来，创造一个密封厌氧的发酵环境。青贮袋法生产的青贮饲料质量好、蛋白质含量和消化率高，可保存 1～2 年，不受季节、日晒、降水和地下水位等的影响，取饲方便，但相对成本稍高。

2. **青贮方法**　调制青贮饲料大致可分为收割、切短、装填和封埋四个步骤。青贮饲料的营养价值，除与原料的种类有关外，还与青贮饲料作物的收割期相关。一般禾本科饲草的青贮适宜刈割期为抽穗期至开花期，豆科饲草则在开花初期至盛花期为好。收获后的青贮原料必须切短，其大小主要根据原料种类而定。粗硬的原料切成 2～4 厘米长，细软柔嫩的原料可切得稍长些。如用于猪、禽等饲用，则应切得短些为好。采用青贮窖方法的青贮，在装填之前，先在窖底铺约 15 厘米厚的垫草，以便吸收青贮汁液；窖壁四周衬一层塑料薄膜，以起密封防漏作用。然后将切短的原料迅速装入窖内，避免原料在窖外暴晒过久而耗损水分。小型窖要求当天完成，大型窖也得在 2～3 天内装完压实密封，并防止泥土进入窖内。如有两种以上原料混合青贮时，应将原料混匀后装入窖内。同时检查原料的含水量，一般青贮料适宜的含水量为 70%～75%，用手紧握原料，手指缝漏出水珠而不往下滴为宜。装料时应边装边踩实压紧。装窖的原料高出窖沿 1 米左右时封窖。封窖要严实、不透气、不渗水，先用塑料膜盖好顶部或铺上约 15 厘米厚的湿麦秸或稻草，再加土封盖，并将表面拍打光滑，窖顶隆起呈馒头形，窖的四周挖排水沟。封埋后 1 周内必须经常注意检查窖顶，发现下陷、裂缝，应及时加土封严,防止雨水和空气进入窖内。

好的青贮饲料可溶性糖的最低含量是2%。当青贮原料的含糖量低于这个数值时,可适当掺入其他含糖量较高的青贮原料或添加适量的糖蜜、糠麸、淀粉等加以调节。也有加入乳酸菌制剂、细胞壁分解酶、甲酸、甲醛、丙酸、山梨酸、尿素等青贮添加剂的做法,其目的是促进乳酸发酵、抑制不良发酵、控制好气性变质和改善青贮料的营养价值。此外,值得一提的是近年来发展的半干青贮方法,将青贮料的含水量控制在45%～60%之间,这样制成的青贮料品质优于常规青贮料,但其对密封、晾晒等条件具有较高的要求。

3. 常用饲料作物的青贮

(1)玉米青贮   玉米是一种优良的青贮饲料作物,从乳熟期至蜡熟期刈割的玉米秸都可以制成品质优良的青贮饲料。目前生产上利用收取果穗后的玉米秸调制青贮,即当玉米果穗成熟、而茎秆下部仅有1～2片叶枯黄时收割,此时含水量约70%,正适合青贮。如果有1/2的叶片枯黄则含水量降到70%以下,这样的玉米秸青贮时需要适当补加水分。为提高玉米秸青贮质量,宜选用果穗成熟时茎叶仍保持青绿的玉米品种(例如龙单三号、四号及英国的红玉米等),也可采用中上部的青绿茎叶青贮。还有用带果穗玉米青贮的,这种青贮料在奶牛场应用较多,一般是在蜡熟期收获,茎秆及果穗一起切碎青贮。据研究报道,玉米果穗的营养价值约占整株的1/2。因此,这样制成的青贮料质量好,营养价值较高。

(2)甜高粱和多穗高粱青贮   高粱比较耐旱、耐涝、耐盐碱,抗逆性较强。因此,常在低洼易涝地种植。这些地区除利用高粱籽实外,也常用其茎叶调制青贮料。做青贮料的高粱多在灌浆后到完熟期收获,茎叶与籽实产量均高。近年来作为饲用的高粱,多数种植丽欧甜高粱。甜高粱茎秆汁液多,含糖量高(10%～20%),营养丰富,可调制成优质青贮料。多穗高粱也可调制青贮料。高粱茎秆较玉米硬、水分少,应注意适当切短并补加水分。

(3)麦类饲料作物青贮　主要有大麦、燕麦、黑麦、小黑麦等,都可以调制成品质优良的青贮饲料。适宜的收割时期为抽穗期到乳熟期,这时茎叶青绿、质地柔软、含水量适当,青贮质量好。如过早刈割,含水量多,蛋白质和硝酸盐含量高,单独青贮较难成功,可掺入5%的糠麸、干草粉或干甜菜渣,以降低水分含量,提高青贮原料的含糖量,以使青贮成功。

(4)甜菜叶和胡萝卜叶青贮　在甜菜和胡萝卜叶片仍为青绿时割取,这时做青贮品质较好。如迟割,大部分叶变黄,则影响青贮品质。含水量过大的鲜嫩叶,可以晾晒1～2天再青贮,或加入10%左右的糠麸制成混合青贮料。青贮的甜菜叶和胡萝卜叶酸香适口,易于消化。尤以胡萝卜叶青贮品质最佳。

4. 青贮料的利用　青贮料封窖后,经过40～50天,便可开窖使用。取用时圆形窖自上而下逐层取用,长方形窖可先开一端,逐段取用,切不可掏洞取料。青贮料随用随取,保持新鲜。每次取用后随即用草帘或席盖严窖口,以免饲料霉烂、冻结或掉进泥土。初次饲喂青贮料的家畜采食量少,应经过几天适应期,使之逐渐适应采食,饲喂量由少到多。家畜每天每头的饲喂量:猪、羊1.5～5千克,役牛10～15千克,奶牛15～20千克,马5～10千克。品质良好的青贮料呈绿色或黄绿色;有酸香味,带酒糟香气,并略具水果弱酸味;质地柔软而略带湿润,茎叶仍保持原状。品质差的青贮料则呈褐色或黑色,有强烈酸味;茎叶黏成一团或烂如污泥,或是质地干燥、粗硬。霉烂腐败的青贮料则不宜饲喂家畜。

(二)干草的调制

调制良好的干草,颜色青绿,保持较多的叶片,气味芳香,蛋白质和胡萝卜素含量较高,适口性好,是利于家畜生长发育的优质饲料。同时,优质干草产品还是国际贸易中的主要产品,全球每年草产品的贸易额高达数十亿美元,而且,草产品的主要消费市场集中在我国近邻的日本、韩国、菲律宾、马来西亚等国和我国的台湾、香港等地。因此,发展我国的草产品产业具有巨大的市场潜力。干草的营养价值受多种因素的影响,但收割时期及调制贮藏方法是主要影响因素之一。收割过早产量低、收割过晚品质差。主要考虑产草量和可消化营养物质含量这两个指标的平衡,当产草量和营养成分之积达到最高值时,才是最佳收割期。一般适宜的收割时期是:禾谷类饲料作物在抽穗到开花期,豆类饲料作物在初花期到盛花期,具体的收割期应视作物种类而异。干草的调制方法有自然干燥和人工干燥两种。

1. 自然干燥 刚刚收割的青绿鲜草的含水量大多在50%～85%或以上。一般采用将鲜草薄层平铺暴晒法,晴天暴晒5～8小时,即可使鲜草中的水分迅速蒸发,含水量下降到45%～55%。然后小堆继续晾晒,逐渐干燥。也可在架上干燥或在棚内风干,待含水量下降到14%～17%时,即可上垛保存。北方干燥地区可以在含水量17%时贮存;而在南方空气潮湿地区,保存干草的含水量以不超过14%为宜,在这样的水分范围内贮存干草营养成分的损失可以降至最低限度。国外一些草产品加工企业采取在饲草含水量下降到约45%时,就打捆或直接放进干燥棚内,进行人工通风干燥,这可大大减少养分的损失。自然干燥的成本相对较低,但调制出的干草质量也相对较差。这主要是因为晒制干草的过程较长,晾晒期间会出现细胞饥饿呼吸代谢和酶解氧化等生理生化反应,使植物体内的养分转化分解而损失,而且晾晒的时间越长,损失就越大;暴晒还可直接使一些色素(胡萝卜素、叶绿素及维生素 C 等)氧化而损失。因此,要尽可能选择晴天收割调制干草,缩短晾晒的时间,使饲草的含水量迅速下降到17%以下。

青干草含水量的感观测定法:取一束草握在手中,用力拧紧呈绳索状时不能形成水滴,此时水分在 40%左右。如果将一束草贴在脸颊上不觉凉爽也不觉温热,将草束在手中轻轻抖动可听到清脆的沙沙声,揉折时不脆断,松手时又能很快自动松散,此时含水量一般为 14%~17%。

2. 人工干燥　主要有两种方法:一是鼓风干燥法。即把刈割后的饲草先在田间晾晒干燥到含水量为 40%~50%时,堆放在设有通风道的干草棚内,然后用鼓风机或电风扇等吹风装置进行常温鼓风干燥,最好分层干燥,底层先堆放 1.5~2 米高,经 3~4 天鼓风干燥后再堆放第二层饲草,再鼓风干燥后堆放第三层饲草,草垛总高度一般不超过 5 米为宜。这种方法可有效地降低饲草营养物质的损失。二是高温快速干燥法。就是将饲草放入烘干机经高温气体的快速流动、迅速带走饲草中的水分而达到干燥的目的。一般在 800℃~850℃的高温气体中,经 2~3 秒钟,饲草的含水量即可降至15%以下。有的将烘干、粉碎、加工机械连为一体,即烘干后接着将干草粉碎制成干草粉或经粉碎压制成颗粒饲料。这种方法可以减少营养物质的损耗,制成优质干草产品,但消耗热能大,成本高。国内近年来研制出一些饲草烘干设备,具有操作简易、干燥能力大、低耗能等优点。如沈阳远大干燥设备有限公司采用多环滚筒式结构和尾气循环利用系统研制的大型饲草干燥成套设备就具有较高的技术含量,在生产上受到欢迎。有时也可根据具体情况,将自然干燥和人工干燥有机地结合起来,这样既可提高干草产品质量,又可降低生产成本。

(三)干草的贮藏

干草贮藏是饲草生产中的一个重要环节,它对维持一年四季或丰歉年之间的饲草平衡供应、减少霉烂变质等损失、保持草产品质量具有重要的意义。在干草贮藏中,应注意控制好下列几点。

1. 贮藏干草对含水量和贮藏温、湿度的要求 当调制干草的含水量下降到 14%～17% 时,即可进行贮藏。为长期安全地贮藏干草,必须严格控制干草的含水量在上述范围内,才能堆垛贮藏。前面已简单描述了干草含水量为 14%～17% 的简便判断方法。相对而言,当干草的含水量为 19%～20% 时,紧握草束,不会发出清楚的声音,容易拧成紧实而柔韧的草辫,搓拧或弯曲时保持不断,这时的干草不适宜堆垛贮藏。干草贮藏过程中的霉烂变质原因除干草含水量外,还与贮藏的温、湿度密切相关。研究结果表明,贮藏温度为 $-18℃$～$7℃$、干草含水量为 7%～12% 时,几乎不发生霉烂变质;当贮藏温度为 36℃、干草含水量为 18% 时,贮藏 8 个月可使干草的损失率约达到 8%。空气湿度在 75% 以下时,一般不易发生霉变现象。

2. 干草的贮藏方法 饲草干燥后为了便于存放和运输,在条件许可时,通常用专业机械打成草捆,可以压制成方草捆,也可压制成圆草捆。高密度挤压打捆的干草捆体积小、密度大、便于贮藏和运输，但这必须购置成套打捆设备，投资较大。露天堆放这类草捆时，应选择地势较高处。草垛下面最好用树干、秸秆或砖块铺垫一层厚度不少于 25 厘米的隔离层，垛底四周开挖排水沟。一般草垛的宽度为 5～5.5 米，长度约 20 米，垛高为 15～20 层干草捆。草捆整齐叠放，除底层外，每层可交替设留 25～30 厘米宽的通风道，最上部的几层呈阶梯状堆放，以形成"人"字形斜面，最后垛顶和四周用草帘或其他遮雨物覆盖即可。散干草的堆放除采用上述类似方法外，要特别注意堆草时逐层堆放，并尽可能压紧压实，以加大密度、缩小与外界环境的接触面。此外，条件较好的牧场，建造简易的草棚存放干草，在这类草棚堆放干草时要注意干草与棚顶保持一定的空间距离，以便通风散热。无论采用何种方式贮藏干草，都要注意做好草垛的防雨防晒、防风防火、防发酵生热等安全工作。

五、饲料作物栽培技术要点

饲料作物种类很多，应根据其不同特点及生产目的，采取适宜的栽培技术措施。种植饲料作物的目的，有利用茎叶为主的如苦荬菜、饲用苋等，有利用地下块根块茎为主的如马铃薯、菊芋等，还有以利用籽实为主的如玉米、大豆等，也有两者兼而用之的。从饲料作物本身的特点看，有一年生和多年生、深根系和浅根系等不同。因此，不同用途的饲料作物对环境条件及栽培技术各有不同要求，但它们的栽培技术可以参考遵循以下的基本原则。

(一)土壤耕作

土壤是植物赖以生存生长的基本条件,有了良好的土壤条件,植物才能充分生长发育,这是获得丰产的重要一环。土壤耕作是传统农业生产中不可缺少的一个重要措施,是调节土壤、作物和环境三者之间相互关系的重要手段,它主要包括耕地、耙糖、镇压、平整等多项田间措施。通过耕作可以使耕作层疏松,通透性增加,有利于蓄水保墒;有利于微生物的活动,促进养分分解,增加土壤有机质,提高肥力;还可以把土壤中的杂草、害虫的卵和蛹、病菌孢子翻出地面暴晒或深埋土中,使其不利于生长繁殖而死亡。整平的地面,可以使播种均匀、深浅一致、出苗整齐,并提高保苗率,特别对于小粒种子的播种更为重要。

1. 耕 地 种植作物后的田地,土壤比较紧实。因此,在播种新的饲料作物之前必须耕翻,使耕作层疏松。耕翻深度一般为 20～25 厘米。对深根作物和块根块茎类作物,需要更深一些,以创造其根部发育的良好条件。耕地时间,秋耕比春耕好,有利于保墒和消灭杂草。耕地质量,要求深度一致,垡片覆盖好,不漏耕、不露杂草和残茬。耕地时还要掌握在土壤水分适宜时进行,才有利于耙碎土块,整平田面。

2. 耙 糖、镇 压 土地耕翻后要立即耙地碎土以减少水分蒸发。土块较大时先用圆盘耙耙地,然后用丁齿耙再耙 1 次,可以起到碎土和平整土地的作用;如果土块不大而且比较疏松,可不必耙地而只糖地即可达到碎土和平整土地的目的。在秋耕过的土地上,春播前往往用丁齿耙再耙一遍,起到松土保墒和消灭杂草的作用。干旱多风地区,平整好的土地,如果土壤过于疏松还应镇压,以免大风刮走表土,并且也能使土壤压实一点,才有利于播种。

3. 开沟做畦 土壤耕耙后、播种前,应精细整地,并按不同要求把土地整成一定规格和形状,以利于田间管理。主要有平作、畦作、垄作和底作等方式。平作就是在耕、耙、耱、平整地表等作业完成后直接播种的方式,它适于土壤疏松、排水条件良好、便于机械化作业的平原地区。畦作就是在土壤平整后按一定规格和形状,由人工或机械修筑畦埂,形成一块块畦田,它便于排灌作业。垄作就是将土壤按一定规格整成一条条高垄,起垄方向常为南北向,这便于通风透光。将作物播种在高垄上,有利于提高地温、防止植株倒伏。在东北地区种植块根块茎作物时常采用这种方式。底作就是在田间每隔一定距离开沟,将种子播种在沟底,浅覆土层,以便使种子处于湿土中,利于抗旱出苗。在北方旱作区广泛采用这种方式。

4. 中耕 在作物生育期间进行铲地、耥地、耱地、锄地等表土作业均统称为中耕。作物出苗后的中耕具有松土保墒、培土、增温、除草、促进根系生长发育、防风抗倒等作用。在生产上,可以将中耕、培土、开沟、追肥和灌溉等农业措施有机地结合起来。中耕深度要遵循浅—深—浅的原则,尤其是除草宜早。

(二)施 肥

植物需要一定的养分才能生长发育、开花结实,主要的养分是氮、磷、钾,通常土壤中的氮、磷、钾含量不能满足需要,必须通过施肥供给。氮是构成蛋白质的主要成分,施氮肥能促进茎叶生长,使植株高大,分枝多,生长快,产量高。氮对于叶菜类饲料作物尤为重要。磷是植物细胞原生质和细胞核的重要组成部分,磷能促进根系发育,幼苗生长,增加有效分蘖,增强植物抗逆性,还能促进开花结实,使籽实饱满、提早成熟。磷对于禾谷类收籽实的饲料作物十分重要。钾与植物体内碳水化合物的合成与运输有密切关系,钾能促进植物对氮的吸收和蛋白质的形成,能促使植物茎秆健壮,增强抗旱、抗倒伏、抗病虫害的能力,并能提高块根块茎类及豆类饲料作物的产量。因此,钾对于块根块茎类饲料作物非常重要。施肥分基肥、种肥及追肥三类。基肥是在播种或移栽前结合土壤耕作施入,耕地时翻入土中作为底肥,其目的是为了给饲料作物创造一个能良好生长发育的土壤条件和满足饲料作物对整个生长发育期的需要。

1. 基肥　主要是农家肥,包括厩肥、堆肥、绿肥及人粪尿或磷肥和复合肥等,它们可以在作物整个生育期中长时间缓慢地提供养分。因此,各种饲料作物都需要基肥,尤其对块根块茎类饲料作物更为重要。基肥的施用方法有撒施、条施和分层施三种,可以根据具体情况选择。

2. 种肥　是在播种或移栽定植时施于种子或植株附近的肥料,施种肥可以促进幼苗生长健壮,多用腐熟的有机肥料、速效无机肥料(如种植禾谷类饲料作物时,常施用过磷酸钙等作为种肥)或颗粒肥及菌肥等,但要求所选用的种肥对种子或幼苗无伤害作用,如过酸过碱或未腐熟的有机肥均不能用做种肥。除接种根瘤菌肥外,一般施种肥时种子不宜与化肥直接接触,开沟后最好先施入化肥然后再播种,以避免化肥对种子的毒害作用。除条施外,也可根据具体情况采用拌种、浸种或穴施等施用方法。

3. 追肥　这是在作物生育期间施用的肥料,其目的是满足饲料作物生长发育期间对养分的需求。多半采用速效的氮肥或腐熟的农家肥。如牛皮菜及饲用苋等,施用硫酸铵或尿素后能大幅度地提高其茎叶产量。磷肥、钾肥和复合肥也可用做追肥使用。此外,硼、钼、锰等微量元素及一些生长激素(如赤霉素等)在饲料作物现蕾(抽穗)开花期可用做追肥喷施,对提高籽实的产量有重要的促进作用,可以根据生产的目的灵活掌握。追肥的方法有撒施、条施、喷施、穴施或结合灌溉追施等。

(三)引种与生产

饲料作物有长日照作物与短日照作物之分。如玉米为短日照作物,缩短其光照时间,则植株变矮,提早抽穗开花。因此,北种南移时往往造成早熟减产。如延长光照时间,则植株高大,茎叶繁茂,开花推迟,但茎叶产量高。因此,北方栽培青贮玉米时,常采取南种北移的方法,以提高青饲料产量。又如蚕豆为长日照作物,延长日照可提早开花结实,缩短日照则延长营养生长期,推迟开花。因此,在引种作为青刈饲料用时,可采取北种南移的办法提高其茎叶产量。也有些品种对日照长短不敏感,改变日照,对开花结实没有明显影响,这类品种则可在较大范围内引种。不同海拔高度地区之间的引种规律是:低海拔地区品种引至高海拔地区种植,会使其生育期延长,甚至种子不能成熟,所以适宜引用早熟品种;高海拔地区品种引至低海拔地区种植,会使其生育期缩短,所以适宜引用晚熟品种。但对大多数以收获茎叶营养体为目的的饲料作物来说,不需要收获籽实,则可根据具体情况合理应用这一规律,以求获得最大的生物学产量。总体来说,从纬度、海拔高度、气候及土壤等自然条件相近地区引种比较容易成功。对于多年生饲料作物的引种,还要特别注意作物品种的越冬或越夏性能。

(四)种子处理与播种

1. 种子检验 种子品质的优劣直接影响到饲料作物的产量和质量。因此,播种前应进行选种和验种。主要是清除杂质异种、检验种子的纯净度和发芽率等指标。种子的纯净度和发芽率以 90% 以上者为好。如果达不到上述指标,可对种子做进一步精选,或适当加大播种量。

2. 种子处理 播种前,要对种子进行适当的处理,常用的方法有以下几种。

(1)浸种 让种子在播前吸足水分以促进代谢活动,加快出苗生长。但浸种是有条件的,凡土壤湿润或有灌溉条件的可以浸种;否则不可浸种。

(2)硬实处理 有些种子尤其是小粒豆科饲草种子因种皮不透水而不能吸胀发芽,常出现硬实现象。对这类种子可采取在播前拌些粗沙碾磨擦伤种皮的办法;也可用日晒夜露3~4天的办法;还可用温汤浸种等办法来提高种子的吸水萌发能力。

(3)去壳、去芒 有些饲料作物种子带壳带芒,影响种子的发芽率和播种的均匀度。因此,播前必须去壳、去芒。有条件的,可用机械来完成;也可用拌些粗沙碾磨的办法来去壳、去芒。

(4)接种根瘤菌 播种豆科作物时,有条件的应用根瘤菌接种,接种后可提早形成根瘤和多结瘤,增强固氮能力,提高土壤肥力,达到增加产量的目的。不同的豆科作物,需要不同的根瘤菌接种,如豌豆根瘤菌可给豌豆、蚕豆、扁豆、山厘豆及箭筈豌豆等接种;豇豆根瘤菌可给豇豆、绿豆、刀豆、木豆、花生、胡枝子等接种;大豆根瘤菌一般只能给大豆接种。接种方法有两种:一种是用工厂生产的根瘤菌剂拌种,另一种是采集同类作物上的根瘤风干后压碎拌种。两者都有良好效果。

3. 播种 影响种子发芽的条件主要是水分、温度和氧气。因此,播种时要综合考虑这三个因素。

(1)播种期 每种饲料作物都有其自身的生长发育规律,都具有其特定的适宜播种期。适宜播种期选择的原则是尽可能满足作物生长发育的需要,确保种子和植株不受或少受不良环境的影响,同时兼顾下茬作物的种植需求。一般早春播种的主要是苗期较耐寒的饲料作物,如苦荬菜等。晚春和夏季播种的主要是幼苗不耐寒的饲料作物,如玉米、高粱、大豆、苏丹草等。秋季播种的多是一些耐寒的越年生或多年生饲料作物,但秋播必须留有足够的冬前生长期,以便幼苗能安全越冬。

(2)播种深度 播种的深度因作物而异,如麦类作物为单子叶植物,顶土容易,播种深度可达 4~5 厘米;豆类作物为双子叶植物,顶土困难,播种深度 2~4 厘米为宜;小粒种子如苦荬菜等播深为 1~3 厘米。总之,大粒种子稍深些,小粒种子宜浅些;土壤疏松干燥稍深些,土壤潮湿宜浅些。

(3)播种量 适量播种,合理密植,是保障饲料作物高产优质的重要条件。考虑到纯净度、发芽率和保苗系数等因素,通常采用实际播种量。实际播种量(千克/平方千米)=保苗系数×田间合理密度(株/平方千米)×千粒重(克)/净度(%)×发芽率(%)×100。一般饲料作物的保苗系数为 1.5~5。

(4)播种方式 主要有条播、撒播、点播、混播和育苗移栽等。采取何种方式要根据饲料作物的种类、土壤、气候及栽培条件而定。除育苗移栽方式外,在干旱和半干旱地区,尤其是在轻质土壤上种植饲料作物,往往在播后进行镇压,以便让种子和土壤紧密接触,从而有助于种子的吸湿萌发。但在较黏的重质土壤上,应注意减轻镇压器的重量或不进行镇压,以免造成因镇压过重而使幼芽不能顶土出苗。

(五)田间管理

1. 中耕　这是田间管理的一项基本措施,需进行多次,主要作用是消灭杂草及松土保墒,增强作物的吸收能力,促进其生长发育。随着作物的生长发育,中耕深度也由浅渐深。在后期中耕时,对块根块茎类以及株型高大的作物还要培土,培土可加深根部土层,又能防止高大作物倒伏及根部积水,减少涝害。消灭杂草除了用机具及人工中耕外,利用化学除草剂灭草也有很好的效果,可根据需要选择使用。除草剂有灭生性和选择性两大类。灭生性除草剂施用后,绿色植物不论作物及杂草都能被杀死,一般在播种前使用,如草甘膦、百草枯等。选择性除草剂只杀死特定的植物,或者对某些植物有杀害作用,对另一些植物无伤害,如 2,4-D 丁酯对防除阔叶杂草有效,对禾本科杂草无效。稳杀得(吡氟禾草灵)对防除一年生禾草有效,剂量大时也可防除多年生禾草。

2. 灌溉与排水　对北方干旱地区来说灌溉十分重要,特别是在春季,灌溉往往能使产量成倍增加。不同作物的需水量有很大差异,叶菜类饲料作物以及株型高大、多次刈割的饲料作物需水量较多,收籽实的作物需水量较少。同一种作物不同的发育阶段需水量也不一样。一般幼苗期需水较少,拔节及分枝后需水渐增,开花结实期或块根块茎膨大期需水较多。成熟期需水减少,以利于养分积累。灌溉主要有地表灌溉、喷灌和地下灌溉三种主要方法。因此,应根据需要及时灌溉,才能提高产量。南方多雨地区,排水更为重要,发生雨涝时要及时开沟排除,以免影响根部呼吸,造成作物减产或植株死亡。也常采取开沟做畦的办法解决涝害问题。

3. 病虫害防治　　控制和消灭病虫害,保护作物正常生长,也是提高饲料作物产量和品质的重要措施之一。防治方法有选用抗病品种、改进栽培技术、检疫防止新病源的传播以及化学药剂防治等。由于病虫侵染媒介不同,使用的药剂与方法也各异。如高粱黑穗病以种子传病为主,可采取种子消毒处理的方法。用种子重量0.3%的五氯硝基苯或菲醌拌种即可。豌豆象幼虫钻入籽实咬食,并继续通过种子传播,其为害十分严重。因此在豌豆收获后应及时熏蒸种子杀死害虫,药剂以磷化铝为好。地下害虫如蛴螬、蝼蛄、金针虫及地老虎等,在土中咬食种子、幼芽或幼苗,可用敌百虫粉、呋喃丹或辛硫磷乳剂制成毒土或毒饵,撒在作物根际或用其药液灌根杀死害虫。叶菜类饲料作物中有时也有白粉病、锈病等危害,病害往往发生较晚,可提早刈割利用或用粉锈宁等杀菌剂防治。发生虫害时则应用氧化乐果或敌百虫等杀虫剂喷施防治。必须特别重视的是,在防治病虫害中使用的农药往往大多对人、畜有害,喷施时要采取适当的防护措施,格外注意人、畜的安全,一般在喷药后要间隔1～2周才能饲用。

(六)收　获

收获是饲料作物生产的最终目的,也是确保饲草料优质高产的重要环节。收获时,主要考虑饲草料的产量和品质等因素。以采收籽实为目的的饲料作物,如黑麦、玉米、大豆等,一般都在籽实成熟的蜡熟末期或完熟期收获。以收获地上部茎叶营养体为目的的饲料作物,一般来说无严格的固定收获期,可根据饲养家畜的实际需要进行收获,但总体上以饲料作物现蕾期至开花期收获为宜,这时产量和品质达到一个最佳的平衡点。以收获地下部块根块茎为目的的饲料作物,如甘薯、萝卜、马铃薯等,也无严格的收获期,但最晚应在早霜前收获。对于多年生饲料作物,在冬前最后一次刈割时,还必须考虑留有足够的冬前生长时间,保证饲料作物积累足够的养分,以便能安全越冬。

第二章 谷类饲料作物

谷类饲料作物包括玉米、高粱、麦类、粟类等作物,其籽实含有较多的淀粉,蛋白质含量中等(一般为7%～14%),纤维素含量低,无机盐中磷高钙低,B族维生素及维生素E含量较多,是营养价值较高的一类饲料作物,多作为畜禽的主要精饲料。谷类饲料作物的秸秆则作为马、牛、羊等反刍家畜的粗饲料。这类饲料作物还可以青刈利用,也是很好的青饲料和青贮原料。谷类饲料作物在全国范围内均有分布,大都是粮、饲兼用作物。

一、玉　米

玉米又名玉蜀黍、包谷、玉茭、苞米、玉麦、棒子及珍珠米等。它是主要的粮食作物,也是优良的饲料作物,有"饲料之王"的美称。它在畜牧业生产上的地位远远超过其在粮食生产上的地位,其籽实是家畜最重要的能量精料,秸秆可用做青贮或青饲,也是良好的粗饲料。它原产于南美洲的墨西哥和秘鲁。至今有近5 000年的栽培历史。现世界各地均有分布,主要分布在30°～50°的纬度之间。玉米于16世纪传入我国,至今已有400多年的栽培历史,我国现在是居美国之后的玉米第二大种植国。我国的主要玉米产区是从东北至西南的狭长玉米带——主要包括了黑龙江、吉林、辽宁、河北、山东、山西、河南、陕西、四川、贵州、云南和广西等12个省、自治区,其种植面积占全国玉米种植总面积的80%以上。此外,新疆维吾尔自治区内陆灌溉区和华东及东南沿海地区的丘陵和山区均有比较集中的种植。玉米的栽培面积和总产量，在我国粮食作物中居水稻和小麦之后，占第三位。

(一)植物学特征

玉米是禾本科玉米属一年生草本植物。

1. 根 须根系，大部分须根集中于 30～60 厘米的土层中，深的可达 150～200 厘米。在近地表的茎节上轮生多层气生根，具有吸收能力，同时又可起支持茎秆不致倒伏的作用。

2. 茎 生育期的长短可从地上部的茎节数来判断。早熟品种为 5～9 节，中熟品种为 10～12 节，晚熟品种在 13 节以上。其株高 1.5～3 米。是禾谷类中最高大的作物之一。基部节间的腋芽有时可萌发成侧茎，侧茎一般不能正常结实。以收籽实为目的种植时应早将侧茎除去，以免消耗养分而影响主茎的生长发育。

3. 叶 叶片为剑形、互生，叶片数与节数通常相对等，叶片长 80～120 厘米、宽 6～15 厘米。

4. 花 玉米是雌雄同株异花授粉植物，其天然异交率在 95% 以上。雄花为圆锥花序，着生于植株顶部。雌花为肉穗花序，着生于植株的中部。

5. 籽实 为颖果，有硬粒型和马齿型之分。硬粒型的籽实近圆形，顶部平滑、光亮、质硬，富含蛋白质，多为早熟种。马齿型的籽实为扁圆形，顶部凹陷，光亮度较差，质软，富含淀粉而含蛋白质较少，多为晚熟种。籽实颜色有白、黄、红、紫等，其中黄色的富含胡萝卜素。饲用玉米一般为黄玉米。

6. 种子 大粒种子千粒重 400 克左右，小粒种子千粒重 50 克左右。

(二)生物学特性

1. 对温度的要求 玉米是喜温作物。种子发芽的最低温度为 6℃～7℃,在 10℃～12℃ 时发芽整齐,最适温度为 25℃左右。苗期抗寒力较弱,遇到 −2℃～−3℃ 低温即受霜害,但以后能恢复生长。尚未抽穗的幼株更不耐寒,遇 −1℃～−2℃ 低温即受霜害,持续 6 个小时即受冻害并很难恢复生长。玉米生育期内对温度的要求如下:早中熟种需有效积温 1 800℃～3 000℃,晚熟种则需 3 200℃～3 300℃。出苗到拔节日平均温度不能低于 12℃,拔节到抽穗日平均温度不能低于 17℃,抽穗开花到乳熟期以 24℃～26℃ 为宜。乳熟到完熟期则要求温度略低,但低于 16℃ 时,籽实则不能成熟,所以夏玉米不能播种过晚。一般收籽实的玉米要保证有 130 天的生育期,青刈玉米要有 100 天的生育期。

2. 对光的要求 玉米是喜光的短日照作物,在每天 8～10 小时的短光照条件下开花最快,但不同品种对光照的反应有很大差别,而且,光照反应与温度有密切关系,大多数品种要求每天 8～10 小时的光照和 20℃～25℃ 的温度。

3. 对水分的要求 玉米生物产量高、需水量大,但不同生育时期对水分的要求不同。其苗期较抗旱,为促进根系的生长发育,应适当控制土壤水分,以保持田间持水量约 60% 为宜;拔节到抽穗期需水量增加,以保持田间持水量 70%～80% 为宜;抽穗开花到灌浆期需水量最多,以保持田间持水量约 80% 为宜;乳熟期以后需水量渐减,以保持田间持水量 70%～80% 为宜。总之,在玉米生育期间,田间持水量低于 40% 或高于 80% 时对生长都不利。通常玉米丰产地区的年降水量在 500～1 000 毫米之间。

4. 对土壤养分的要求 玉米对土壤要求不严格,各类土壤均可种植。但在有机质多、排水通气性好、肥沃的砂壤土上生长最好。它对土壤酸碱性的适应范围在 pH 值 5～8 之间,一般中性最好。氮、磷、钾三要素对玉米的正常生长发育影响极大,每生产 100 千克玉米籽实需要吸收氮 3.43 千克、磷 1.23 千克、钾 3.26 千克,氮、磷、钾的比例为 3：1：2.8。缺氮时生长发育受阻,植株生长延缓,茎细、叶黄。青贮玉米需要更多的氮素来促进营养体的繁茂生长。氮素进入植株体内的速度是前期快,中期缓,后期停。磷可促进玉米体内的氮素和糖分代谢,尤其对繁殖器官的生长发育具有重要意义。缺磷会使玉米果实发育不良,推迟成熟;但施磷过多则会使玉米成熟过早,茎叶矮小而减产。玉米整个生育期均需要磷肥,以磷肥作为种肥及抽穗后追施磷肥有重要意义。钾肥可促进碳水化合物的合成和转化,使茎秆坚硬、增强抗倒伏能力,促进果穗发育。缺钾会延缓生长,叶色黄绿、叶片出现灼伤症状,节间缩短,植株矮小,果穗发育不良,根系变弱,易倒伏等。过多的钾肥对玉米的生长发育没有明显的影响。总之,除施足基肥外,玉米在拔节期至开花期生长速度快、吸收养分多,是追施肥料最关键的时期。

5. 生育期 玉米的生育期相差很大,一般为 80～140 天。早熟种为 80～95 天,中熟种为 95～115 天,晚熟种为 115～140 天。玉米是短日照作物,短日照有利于种子的成熟。早熟种对光照的反应比晚熟种迟钝。一般春播玉米选择生育期为 105～120 天的品种,夏播玉米选择生育期为 85～95 天的品种。在用于青贮栽培时,南方品种引种到北方,由于日照延长而使其生育期延长,可增加茎叶的产量。各地可根据前后茬作物的衔接时间来选择品种。

(三)栽培技术

以青贮或青饲为目的栽培时,应最大限度地生产植物的营养体部分,并应具备柔嫩多汁、营养丰富、适口性好等特点。同时玉米籽实也是畜牧业中十分重要的精饲料来源。两种目的的栽培技术差异不大。

1. 轮作与间、套、混作 玉米对前作要求不严,适于安排在施肥充足的麦类作物和其他谷类作物之后。因它是良好的中耕作物,耗地轻,杂草少,所以它又是麦类、豆类、根茎瓜菜类饲料作物的良好前作。在饲用栽培中,为充分利用土地和光热资源,常采用间作、套作、混作和复种等方式,以获得高产优质青饲料和青贮原料。玉米连作会使土壤某些养分不足,病虫害加剧,黑粉病和黑穗病蔓延而导致青贮料的品质及产量下降。玉米可与矮秆的豆类、根茎类、瓜类等间作。常见的组合是玉米和大豆或秣食豆间作,玉米同甜菜或南瓜间作等。混作对饲用玉米来说也很有前途,尤其是玉米和豆类作物(如秣食豆、豌豆、豇豆、扁豆等)的混播,既可提高饲料的产量又可提高饲料的质量。玉米还可与草木樨、苜蓿、麦类作物等套种。在北方一年一熟地区,利用麦收后还有 60～90 天的生育期,可复种一茬青刈作物或青贮玉米。

2. 选用良种 通常玉米籽实主要作为粮食、精料和工业原料。因此,要求籽实的产量越高越好。饲用玉米利用其茎叶,则要求茎叶高大而多汁。两者兼用玉米,既要求籽实高产优质,又要求后期茎叶仍为绿色。因此,要根据不同的栽培目的选用良种。就饲用品种来说,目前用得较多的国外品种有金皇后、威尔 156、英国青贮玉米 57 号及 58 号、白马牙等,它们具有生长旺盛、分蘖力强、植株高大、叶多、果穗又大又多、粗纤维含量较少等特点,其青鲜物质产量最高的每公顷产量可达75 000千克以上。国内已审定登记的饲用玉米品种有吉青7号、龙牧1号、龙牧3号、龙牧5号、龙牧6号、龙优1号、辽青85号、华农1号、新多2号、中原单32号、辽原2号、墨西哥类玉米、龙辐单208、龙育1号、黑饲1号、吉饲8号、新沃1号、龙巡32号、耀青2号等(详见后文的"国内审定登记品种介绍"),可根据青贮和青饲不同时期的需要,选早、中、晚熟品种搭配应用。

3. 选地与整地　由于玉米的须根入土较深,所以种植玉米要选土层深厚、肥力较高、地势平坦、便于排灌的地块。同时,青刈、青贮玉米的种植地要尽可能离饲养牲畜的棚圈近些,以降低收获运输时的成本。深耕可以创造疏松的土壤耕作层,有利于根系生长发育和吸收养分。因此,播前最好深耕细耙,耕翻深度不少于18厘米,黑钙土地区应在22厘米以上。在北方春播玉米区,应在上年的前茬作物收获后及时耕翻,并使翻、耙、压连续作业。新疆地区则在秋翻后不耙不压,以便冬季积雪保墒。玉米种植以施用基肥为主、追肥为辅,要结合整地施足基肥。一般翻地前每公顷施用优质堆肥(或厩肥)15 000~22 500千克,即可满足需求,并能使肥效持续2~3年。

4. 播种　当10厘米土层地温稳定在12℃以上时即可播种。条播的大粒种每公顷播种量45~60千克,行距60~70厘米,收籽实者株距40~50厘米。作为青贮者行距60厘米;作为青刈者行距为40厘米,株距均为15~25厘米;作为青贮或青刈用时可增加播种量20%~30%。在北方有垄作和平作两种种植方式,南方多雨区则采用畦作。播种方式有条播和点播两种。播种深度5~6厘米。播前进行药剂拌种有利于防治病虫害。浸种后用 0.5％硫酸铜溶液拌种，能减轻玉米黑粉病的发生；20％萎锈灵拌种（用药量是种子量的 1％），可防治玉米丝黑穗病；还有用毒谷、毒饵等拌种，能有效地防治地下害虫。此外为提早玉米播种期，也可采用育苗移栽或地膜覆盖的方法。

5. 田间管理 玉米的田间管理包括定苗、中耕除草、蹲苗促壮、培土、施肥、灌溉、授粉以及防治病虫害等工作。适时间苗、补苗和定苗，一般在 3～5 叶期间进行。缺苗的要移栽补苗，定苗的大概范围是：高秆晚熟种每公顷 42 000～48 000株，中熟种 45 000～52 500 株，矮秆早熟种 60 000～82 500株。作为青饲用的可留120 000～150 000 株。中耕进行 2～4次，以消灭控制杂草到封垄为止；也可应用化学除草剂灭草。蹲苗促壮一般是从出苗后开始至拔节前结束，目的是控上促下。它包括控制灌水、多次中耕和扒土晒根。青饲玉米利用期早，可不蹲苗。蹲苗后要立即追肥浇水。一般除播前施用农家肥外，玉米在拔节时需施 1 次攻秆肥，抽穗前施 1 次攻穗肥，氮、磷肥配合施用效果更好。灌水要结合追肥进行，拔节期应使土壤水分保持在田间持水量 70％左右，抽穗期和灌浆期则应在 70％～80％。在气生根长出前或长出时培土，以防倒伏，也有促进后期生长发育的作用。人工辅助授粉是促使籽实增产的有效措施之一。授粉时期，选在无风的晴天，以上午 8～11 时为好。另外，在玉米生育期中要注意预防虫、鸟、兽的侵害。如发现黑粉病时要及时去除病瘤。在玉米心叶期和穗期，常受玉米螟为害，这时可用 50％辛硫磷 50 毫升加25～50 升水灌心叶，杀虫效果达到 100％，药效可持续 30 天。

6. 适时收获 籽实用玉米一般在苞叶干枯松散、籽粒变硬发亮时（即完熟期）收获。籽实青贮兼用的玉米可在蜡熟中后期收获。作为青贮用时,以乳熟期到蜡熟初期收获最好。作为青饲时,可根据需要在苗期到乳熟期内随时割取。

(四)营养价值和利用

玉米"一身无废物,全身都是宝"。它是主要的粮食作物,同时又是家畜、家禽的优良精饲料、青饲料及青贮原料。其营养成分见表2-1。

表 2-1　玉米的营养成分　(%)

类　别	水　分	粗蛋白质	粗脂肪	粗纤维	无氮浸出物	粗灰分
籽　实	11.3	7.2	4.8	1.2	73.9	1.4
秸　秆	11.2	3.5	0.8	33.4	42.7	8.4
玉米芯	8.7	2.0	0.7	28.2	58.4	2.0

每 100 千克玉米籽实中含可消化蛋白质 7.2 千克,其饲用价值相当于 135 千克燕麦、120 千克高粱或 130 千克大麦,并含有多种维生素,所以玉米是家禽、家畜的良好精料。但是籽实中钙、铁、维生素 B_1 和赖氨酸、色氨酸、蛋氨酸等含量不足。所以,应配合豆类饲料饲喂,以补充玉米营养的不足。玉米茎叶是优良的青饲料和青贮料,用来饲养乳牛,可增加产奶量。用以饲养猪、肉牛,可增加产肉量。收籽实后的玉米秸仍然含有畜禽所需要的蛋白质、脂肪、淀粉及无机盐等营养物质,在干物质中其粗蛋白质含量为 6.4%,脂肪为 4.5%,比乳熟期收获的青玉米秸略低。因此,可作为饲料利用,最好调制成青贮料,青贮料比晒干利用能保存较多的养分。近年来,在河北、山东等省大力推广收籽实后的玉米秸青贮,作为牛、马、羊、兔等的饲料,取得了良好的效果,解决了饲草缺乏问题,也使农业副产品得到充分利用,提高了经济效益。玉米穗轴也

可用做饲料,粉碎后不仅可饲喂牛、羊,也可饲喂猪、兔。

(五)国内审定登记品种介绍

1. 吉青 7 号饲用玉米 审定登记年份:1991 年。品种来源:吉林省农业科学院玉米所以 Pa91 为母本、340 玉米为父本杂交选育而成。品种特征特性:该品种根系发达,植株高大(株高达 300~320 厘米)。果穗大,筒形。籽实马齿形,浅黄色,穗行数 18~20,千粒重 322 克。穗轴红色。高抗倒伏,抗叶斑病和黑粉病。幼芽顶土能力强。耐密植,适于机械化收割。植株生长繁茂,产草量高而稳定。蜡熟期收获,茎叶保持全部青绿,质地柔嫩,含水量大,适口性好,品质优良,适宜青贮利用。每公顷产鲜草 52 500~75 000 千克。适应地区:生育期大于或等于 10℃有效活动积温 2 600℃以上的吉林省、辽宁省大部分地区和黑龙江省部分地区。

2. 龙牧 1 号饲用玉米 审定登记年份:1989 年。品种来源:黑龙江省畜牧研究所以从河北省唐山引进的白马牙玉米为基础材料,将穗位、株高作为选育目标,经多代混合选择而成。品种特征特性:粮饲兼用品种。株高 250~280 厘米,茎粗,叶宽大,双穗率 15%~20%。籽实半马齿形、粒大、白色,千粒重约 400 克。生育期 120~130 天。耐寒性较强。抗大斑病。籽实成熟后茎叶保持青绿,可作为青贮利用。每公顷产鲜草 52 500~60 000 千克。适应地区:黑龙江省北纬 47°以南的齐齐哈尔、兰西、肇东、双城、肇源地区。

3. 龙牧 3 号饲用玉米 审定登记年份:1991 年。品种来源:黑龙江省畜牧研究所以 GJ60 玉米为母本、JB47-1 为父本杂交选育而成的单交种。品种特征特性:多茎多穗型青贮玉米。植株基部节上腋芽能发育成侧枝,平均每株分枝 2.7~

3.5 个,结穗 2～3.5 个。株高 280～310 厘米,茎粗,叶宽大。果穗锥形,穗轴白色,穗粗约 4 厘米。种子浅黄色,马齿形,千粒重 300 克左右。抗倒伏,对大斑病有一定抗性。果穗、籽实成熟后茎叶保持绿色,品质优良。适宜制作青贮饲料。茎叶产量和籽实产量比龙牧 1 号饲用玉米稍高,每公顷产鲜草 45 000～75 000 千克。适宜地区:黑龙江省中南部和西部地区。

4. 龙牧 5 号饲用玉米 审定登记年份:1992 年。品种来源:黑龙江省畜牧研究所以 J38 为母本、JB33 为父本杂交选育而成的单交种。品种特征特性:多茎多穗型青贮玉米。平均株分蘖 3.3 个,结穗 2.6 个。主茎平均株高 280 厘米,茎粗 2.6 厘米。叶长 82.5 厘米,叶宽 10 厘米。侧茎株高 296 厘米,茎粗 1.9 厘米。叶长 81.5 厘米,叶宽 6.5 厘米。主茎穗长 16 厘米,侧茎穗长 12.5 厘米,果穗长锥形。籽实半马齿形,白色,千粒重 300 克。喜肥,对大斑病有一定的抗性。比龙牧 3 号早熟 10 天左右,生育期短(约为 115 天)。果穗、籽实成熟后茎叶仍保持青绿,适宜制作青贮饲料。每公顷产鲜草 55 000～62 000 千克,产籽实 7 300 千克。适应地区:黑龙江省第二积温带(如大庆市)、第三积温带(如齐齐哈尔市)及西部干旱半干旱地区。

5. 龙优 1 号饲用玉米 审定登记年份:1989 年。品种来源:黑龙江省畜牧研究所以 046 系玉米为母本、6 系为父本杂交选育而成的单交种。品种特征特性:赖氨酸含量高,占干物质的 0.5%～0.55%,比普通玉米高 61.3%～77.4%。秆粗壮、中秆型,株高约 240 厘米。叶绿色,穗轴红色,种子较小、黄色、马齿形,粉质胚乳不透明。生育期短,一般 126～130 天。抗倒伏、抗病虫害能力较强。种子成熟时茎叶仍保持青绿。霜前收获果穗后茎叶仍可青贮利用。每公顷产籽实

6 000 千克,产鲜草 35 000～45 000 千克。适应地区:适宜在北纬 47°以南的黑龙江省齐齐哈尔、肇东、肇源、双城等地区种植。

6. 辽青 85 青饲玉米　审定登记年份:1994 年。品种来源:辽宁省农业科学院原子能所和玉米所以辽原 1 号为母本、桂群为父本杂交选育而成。品种特征特性:株高约 310 厘米,穗位 139 厘米,茎粗 3.24 厘米。高抗丝黑穗病、青枯病、大斑病、小斑病,高抗倒伏,并有较强抗盐碱性能,耐瘠薄。叶色深绿,生长势强,籽实白色,果穗呈圆锥形。在沈阳地区的生育期(出苗至成熟)134 天,属于晚熟品种。每公顷产鲜草75 000千克,产籽实 9 000 千克。适应地区:辽宁省南部地区和关内无霜期较长地区。

7. 华农 1 号青饲玉米　审定登记年份:1993 年。品种来源:华南农业大学以超甜玉米自交系甜 111 号为母本、墨西哥类玉米自交系 A1 为父本杂交选育而成的单交种。品种特征特性:多茎型玉米。有分蘖 1～20 个,株高 290～380 厘米。每株可结果穗 30～100 个,果穗上有苞衣并长出花丝接受花粉。穗轴扁形,长 5～8 厘米。着生 2～4 行种子,种子一部分呈皱缩形,一部分具小尖头,无颖壳包裹。千粒重 40～50 克。果穗及植株形状介于甜玉米和类玉米之间。该品种在植株生长中表现出较强的远缘杂种优势,根系发达,在 pH 值 4.4 的酸性土壤上生长良好。对大斑病、小斑病有较强的抗病力,能忍受 35℃ 以上的高温,当水分充足时,40℃仍生长正常。生长期 80～90 天。夏季栽培可以获得每公顷 60 000～90 000 千克的青饲料产量。适应地区:华北及其以南地区均可种植。

8. 新多 2 号青贮玉米　审定登记年份:1993 年。品种来源:新疆维吾尔自治区畜牧科学院草原所以黄于 S-5-5 为母本、TG 为父本杂交组配而成的单交种。品种特征特性:该品种为青饲青贮型、分蘖多穗玉米。株高 210～230 厘米,穗位 110～140 厘米。单茎叶片数 23 片左右,中上部叶片稍往上冲。单株分蘖 4 个左右。结穗 7～8 个,多的可达 10 个以上。主茎和分蘖都可形成多果穗。果穗圆锥形,穗长 14～16 厘米,穗粗 3 厘米左右,穗行 14,行粒数 35～45 粒。籽实紫红色,硬粒型。千粒重 135～150 克。幼穗可加工制作玉米笋罐头。作为青贮种植的生育期为 110～120 天。每公顷产鲜草一般为 60 000 千克,最高可达 140 000 千克。适应地区:适于新疆地区能种植玉米的农区、半农半牧区及城郊区作为青饲、青贮种植。

9. 中原单 32 号玉米 审定登记年份:1997 年。品种来源:中国农业科学院原子能所以齐 318 为母本、原辐黄为父本杂交选育而成的单交种。品种特征特性:株高 220～320 厘米。穗位 80～110 厘米,半紧凑型。籽实和秸秆含粗蛋白质均比一般玉米品种高 4%～5%,每公顷可增产蛋白质 70～80 千克。中早熟。适应性广,综合性能好。抗病、耐旱、耐涝、耐阴雨、耐高温,亦耐寒,抗倒伏。光合效率高,活秆成熟,是一个优良的粮饲兼用玉米品种。高产、稳产。在一般中上水肥条件下,每公顷产籽实 7 500～10 500 千克,产鲜草 22 500～45 000 千克。适应地区:适于黄淮海地区夏播,适于华中、华南、中南、西南以及新疆地区春、夏、秋播种,亦适于中南、西南等地冬季播种。

10. 辽原 2 号青饲玉米 审定登记年份:2000 年。品种来源:辽宁省农业科学院玉米所以自选系辽轮 24116 为母本、改良系辐 413 为父本组配成的单交种。品种特征特性:株高约 315 厘米,穗位 141 厘米,高抗大斑病、小斑病、丝黑穗病和青枯病,抗倒伏。果穗长 24 厘米,穗粗 5.2 厘米,每穗行数 16～18。千粒重 413 克。出籽率 86.6%。茎叶粗蛋白质含量 3.67%,干物质 24.4%,无氮浸出物 5.44%。籽实含粗蛋白质 5.82%,干物质 54.3%,无氮浸出物 42.9%。每公顷产鲜草 60 000～75 000 千克,产籽实 7 500～9 000 千克。适应地区:无霜期在 100 天以上的地区均可作为青贮饲料种植。无霜期在 135 天以上地区可作为粮食品种种植。

11. 墨西哥类玉米 审定登记年份:1993 年。品种来源:1980 年华南农业大学从中国农业科学院畜牧所引入广东种植,经选育而成。品种特征特性:属一年生草本。植株高大(株高 1.5～4 米),分蘖多。叶量大,丛生。根系粗壮发达。茎扁圆,实心。叶长披针形,长 90～120 厘米、宽 7～12 厘米,叶鞘包茎,叶舌膜质,叶背光滑、着生短小茸毛,叶缘具密齿,中肋白色。单性花,雌雄同株。雄花为圆锥花序。雌花长在叶腋处,呈穗状花序,数量较多。颖果呈串珠状,颖壳革质、坚实、光滑,成熟后呈灰褐色,长椭圆形或菱形。千粒重约 80 克。该品种适应高温气候,能忍耐 35℃ 以上气温。耐寒性差,遇霜冻会死亡。有一定的再生能力。每公顷产鲜草 15 000～20 000 千克。适应地区:辽宁省以南各地均可作为青饲种植。

12. 龙辐单 208 青贮玉米 审定登记年份:2002 年。品种来源:1996 年黑龙江省农业科学院玉米研究中心以自交系 967-3 为母本、自交系 913-8 为父本杂交选育而成的玉米单交种。品种特征特性:高秆大穗型品种。植株半紧凑,株高 300～340 厘米,穗位 127～135 厘米。叶片宽、叶色深绿,活秆成熟。圆柱形果穗,穗长 24 厘米、穗粗约 6 厘米,穗行数 16～22。籽实黄色,深马齿形,千粒重 295～410 克。穗株比大（35%～42%）。蜡熟期全株干物质中含粗蛋白质11.46%，粗脂肪3.38%，无氮浸出物62.6%，粗纤维18.1%，粗灰分4.46%，茎叶含糖7%。生育期125～128天。需大于或等于10℃的活动积温2 650℃以上。黑龙江省在哈尔滨地区4月底播种，9月20日前后成熟，可在收获籽实后用于青贮，专用青贮应在乳熟期收割。该品种抗玉米大斑病、小斑病、丝黑穗病和青枯病。每公顷产鲜草75 000～78 000千克。适应地区：适于在黑龙江省第一至第三积温带（哈尔滨、大庆、齐齐哈尔等地）作为青贮专用种植。

13. 龙牧6号青贮玉米　审定登记年份：2002年。品种来源：1996年黑龙江省畜牧研究所以自交系W19为母本、自交系优1为父本杂交选育而成的玉米单交种。品种特征特性：株高290～320厘米，茎粗2.5～3.2厘米，抽穗后全株有18～19片叶、叶色深绿，株型紧凑，叶片平展略上举。穗长16厘米，穗粗4厘米，穗行数14～16。籽实马齿形，黄色，千粒重280克。生育期125～130天。生长特点为前期较慢、生育时间长，后期生长较快。活秆成熟。抗玉米大斑病、小斑病、丝黑穗病和青枯病，抗倒伏。每公顷产鲜草78 000～88 000千克。鲜草干物质中含粗蛋白质8.67%，籽实干物质中含粗蛋白质10.17%。适应地区：适于黑龙江省大部分地区。

14. 新青1号青贮玉米　审定登记年份：2002年。品种来源：由新疆维吾尔自治区农业科学院粮食作物研究所以引自南斯拉夫的玉米自交系ZPL773的自选改良系773-1为母本、自选改良分蘖多穗玉米自交系多穗1为父本杂交选育而成。品种特征特性：分蘖多穗型玉米。株高约300厘米，穗位约160厘米，茎粗2.3厘米。一般分蘖3～5个，多者达10个以上，分蘖成株3～4个。单株结穗一般5～8个，多者可达

12 个。叶片数约 24 片,叶色深绿,叶长 81.4 厘米、叶宽 8.9 厘米。果穗筒形,穗长 16 厘米、穗粗 4.1 厘米,穗行数 16～18。籽实红色,硬粒型。千粒重 180 克。出籽率 86.7%。籽实干物质中粗蛋白质含量 13.81%,粗脂肪 5.81%,粗纤维 1.38%,无氮浸出物 75.74%,粗灰分 3.26%。全株干物质中含粗蛋白质 10.07%,粗脂肪 3.02%,粗纤维 16.78%,无氮浸出物 64.92%,粗灰分 5.21%。春播生育期 110 天,夏播生育期 90～100 天。抗玉米丝黑穗病、黑粉病,较抗玉米螟,抗倒伏。每公顷产鲜草 75 000～85 000 千克。适应地区:适于新疆维吾尔自治区南、北疆春播,南疆夏播;也适于其他大于或等于 10℃有效活动积温 2 400℃以上地区种植。

15. 龙育 1 号青贮玉米 审定登记年份:2003 年。品种来源:1997 年黑龙江省农业科学院作物育种研究所以自选系育 106 为母本、外引系 GY798 为父本杂交选育而成。品种特征特性:株高约 320 厘米,穗位约 150 厘米。叶片数 18 片,叶色深绿。果穗圆柱形,穗长 24 厘米,穗粗 5 厘米,穗行数 16～18。籽实橙黄色,半硬粒型,千粒重 350 克。籽实干物质中粗蛋白质含量 10.66%,粗脂肪 8.37%,无氮浸出物 63.21%。乳熟末期全株干物质中含粗蛋白质 8.22%,粗脂肪 4.54%,粗纤维 21.01%。该品种为晚熟品种,正常成熟生育期 132 天,需大于或等于 10℃有效活动积温 2 750℃。专用青贮生育期 115 天,达乳熟末期,需大于或等于 10℃有效活动积温 2 400℃。抗玉米大斑病、小斑病、丝黑穗病和青枯病,抗倒伏。活秆成熟。每公顷产鲜草 80 000～90 000 千克。适应地区:适于在黑龙江省第二积温带(大庆地区的杜蒙县、林甸县)和第三积温带(齐齐哈尔市、富裕县、克东县)作为青贮专用种植。

16. 黑饲 1 号青贮玉米　审定登记年份:2003 年。品种来源:1997 年黑龙江省农业科学院玉米研究中心以自交系沈 125 为母本、自交系 HR$_{02}$ 为父本杂交选育而成。品种特征特性:株高 300～330 厘米,穗位约 130 厘米,茎粗 2.8～3.2 厘米。叶片 22 片、较宽,上部叶片上举。株型较紧凑,群体整齐一致。果穗粗圆柱形,穗长 26～28 厘米,穗粗 5.2 厘米,穗行数 18～20。籽实黄色,马齿形,千粒重 380 克。籽实干物质中粗蛋白质含量 11.11%,粗脂肪 4.85%,无氮浸出物 70.12%。蜡熟期全株干物质中含粗蛋白质 7.08%,粗脂肪 2.02%,粗纤维 23.85%,无氮浸出物 62.9%,粗灰分 4.15%。生育期 125～128 天,苗期至拔节期生长快,中后期生长平稳,活秆成熟。抗玉米大斑病、小斑病和青枯病,高抗玉米丝黑穗病、抗倒伏。每公顷产鲜草 85 000～95 000 千克。籽实产量每公顷约 6 000 千克。适应地区:生长期间需大于或等于 10℃ 有效活动积温 2 650℃。适于在黑龙江省第一至第三积温带(哈尔滨、大庆、齐齐哈尔等地)作为青贮专用种植。

17. 吉饲 8 号青贮玉米　审定登记年份:2003 年。品种来源:吉林省农业科学院玉米研究所以自选系吉 1238 为母本、外引系沈 135 为父本杂交育成。品种特性特征:株高 310～340 厘米,穗位 120～130 厘米。叶片 22 片,叶色深绿。果穗圆柱形,穗长 25 厘米,穗粗 5.5 厘米,穗行数 20～24,穗轴白色。籽实黄色,马齿形,千粒重 376 克,出籽率 85%。籽实干物质中粗蛋白质含量 8.47%,粗脂肪 4.52%,无氮浸出物 73.6%。蜡熟期全株干物质中含粗蛋白质 7.52%,粗脂肪 2.58%,粗纤维 19.15%,无氮浸出物 66.41%,粗灰分 4.34%。生育期 130 天,活秆成熟。抗玉米丝黑穗病、黑粉病和茎腐病,中抗玉米大斑病、玉米小斑病和弯孢菌叶斑病,抗倒伏。每公顷产鲜草 85 000～95 000 千克。适应地区:适于在吉林省大部分地区、黑龙江省第一、第二积温带(哈尔滨、大庆)、辽宁省北部地区作为青贮专用种植。

18. 新沃 1 号青贮玉米 审定登记年份:2004 年。品种来源:1998 年新疆维吾尔自治区沃特草业公司(原新疆生产建设兵团草业中心)以自选系沃 9518 为母本、自交系沃 9869 为父本组配成的玉米单交种。品种特征特性:多茎多穗型玉米。株高 280～320 厘米,主茎与分蘖高度相近。一般分蘖 2～5 个,多者达 8 个以上。茎秆上下粗细均匀,主茎和分蘖都具有形成多果穗的能力。单株结穗一般 6～8 个,多者可达 10 个以上。叶片 21～23 片,叶色深绿,叶长 81.4 厘米,叶宽 8.9 厘米。果穗圆锥形,穗长 15～19 厘米,穗粗约 4 厘米。籽实黄白色,硬粒型,千粒重 350～400 克。籽实干物质中粗蛋白质含量 9.08%,粗脂肪 4.82%,无氮浸出物 70.47%。蜡熟期全株干物质中含粗蛋白质 7.9%,粗脂肪 2.22%,粗纤维 20.6%,无氮浸出物 63.82%,粗灰分 5.46%。生育期 125～130 天,前期生长速度一般,后期生长迅速,活秆成熟。抗玉米丝黑穗病,抗倒伏。每公顷产鲜草 80 000～90 000 千克。每公顷产籽实 3 750～4 500 千克。适应地区:无霜期在 110 天以上地区可作为青贮专用种植。

19. 龙巡 32 号青贮玉米 审定登记年份:2005 年。品种来源:黑龙江省龙饲草业开发公司与河北省宣化巡天种业公司合作,自 2000 年起,以自交系 X982 为母本、自选系 X613 为父本杂交育成。品种特征特性:从出苗到蜡熟期生育天数为 117(河北宣化)～123(黑龙江)天,需大于或等于 10℃有效活动积温 2 300℃。株高 325 厘米,穗位 145 厘米。叶片深绿,叶片数 21 片,穗上叶与茎秆夹角较小,叶片上举。上部株型为紧凑型。穗下叶片均为青绿色。茎基部直径 3.5 厘米左右。果穗圆柱形,穗长 27.5 厘米,穗粗约 5 厘米。籽实黄色,马齿形,千粒重 410 克。蜡熟期全株干物质中含粗蛋白质 10.95%,粗脂肪 3.42%,粗纤维 18.51%,无氮浸出物 62.32%,含糖量 8.9%,粗灰分 4.8%。抗玉米丝黑穗病、玉米大斑病、玉米小斑病和青枯病,抗倒伏和耐旱性均较强。苗期至拔节期生长快,中后期生长平稳。每公顷产鲜草 65 000~80 000 千克。适应地区:黑龙江省第一、第二积温带可作为青贮玉米专用种植。

20. 耀青 2 号青贮玉米 审定登记年份:2005 年。品种来源:广西壮族自治区南宁耀洲种子有限责任公司从 1994 年起,以自选的自交系 60-6 为母本、自交系 78-2 为父本组配而成。品种特征特性:株高 280~300 厘米,穗位 135~140 厘米。叶片 22 片,叶鞘绿色,叶色深绿。果穗圆筒形,穗长约 20 厘米,穗粗约 6 厘米。籽实白色,半马齿形,千粒重 360 克。蜡熟期全株干物质中含粗蛋白质 9.82%,粗脂肪 1.89%,粗纤维 22.37%,无氮浸出物 43.47%,粗灰分 8.55%。该品种在华东地区春播或秋播出苗至乳熟后期的生育期 90~100 天。抗玉米丝黑穗病、玉米大斑病、玉米小斑病和青枯病,抗倒伏。每公顷产鲜草 75 000~90 000 千克。适应地区:华东、华南和西北地区可作为青贮专用种植。

二、高 粱

高粱又名蜀黍、茭子、芦粟。高粱原产于热带非洲,为古老的作物之一。先传入印度,后传入我国及远东。高粱在我国已有 4 000 多年的栽培历史。它是世界上仅次于小麦、水稻、玉米和燕麦的第五大谷类作物。主要分布在亚洲、非洲和美洲。我国是第四大高粱种植国,播种面积约 2 400 万公顷,各省都有种植,但主要集中在北方各省,其中以山东、河北、辽宁、吉林等省的面积最大,其次有黑龙江、山西、陕西、河南、安徽、江苏等省。它具有抗旱、耐涝、耐盐碱、适应性强等特点。高粱是重要的粮饲兼用作物,同时又是淀粉和酿造工业的重要原料,其青绿茎叶可制作青贮饲料,秸秆还可用于造纸、建材和编织等。

(一)植物学特征

高粱为禾本科高粱属一年生草本植物。

1. 根　须根系,根系发达,入土深可达 1.4～1.7 米,近地面的茎节上有几层气生支持根。株高 1～5 米。

2. 茎　单一或有分枝,分枝的高粱称多穗高粱。茎秆外部被白粉状蜡质,每节生 1 叶,节间数与叶片数相同。节间的多少与长短因品种而异,矮生早熟种节少而短,晚熟高秆种节多而长。茎的地上部有 10～18 个节,通常以 12～13 节较多;地下部有 5～8 个密集的节间,节间上生有较浅的纵沟。

3. 叶　叶互生在茎节上,由叶鞘、叶片和叶舌组成。叶片中央有一较大的主脉,其颜色因品种而异,主要有白色、黄色、灰绿色三种。灰绿色的主脉称蜡质叶脉,茎秆中含有较多的汁液,抗叶部病害能力较强;而主脉白色、黄色的,茎内含汁液较少,一般抗病力较弱。叶片狭长,叶面光滑而被蜡粉。

4. 花　高粱是圆锥花序,小穗着生在第三枝梗上,分有柄和无柄两种。无柄小穗较大,为完全花,能结实。有柄小穗为不完全花,只有雄蕊,不结实。各分枝穗顶端一般着生三个小穗,一个结实,两个不结实,它是雌雄同株常异交作物,一般天然杂交率为 3%～5%。

5. 果实 为颖果,有暗褐色、橙红色、淡黄色、白色等。色深者种皮内含单宁(也叫鞣酸)较多,不利于动物消化,有止泻作用,多喂可引起便秘。

6. 种子 成熟的种子呈卵圆形或椭圆形。千粒重为20～30克。

(二)生物学特性

1. 对温度的要求 高粱是喜温作物,其生育期间要求较高的温度。高粱种子发芽的最低温度为 6℃～8℃,适宜发芽的温度为 20℃～30℃。其生育期间要求的适温为 25℃～30℃,抽穗到成熟期间要求 25℃,灌浆后温度逐渐下降,有利于籽实的成熟。高粱不耐低温和霜冻,当气温低于 0℃时,植株幼嫩部分易遭霜害,成熟时遇低温易造成瘪粒。

2. 对水分的要求 高粱是抗旱性较强的作物。因为它根系发达,根量比玉米多 1 倍,根毛生活力强,茎和根的渗透压高,有利于植物体吸水;它的叶面积相当于玉米叶面积的一半,气孔小且茎叶表面被蜡粉,蒸腾量小;当水分极缺或酷热时,可停止生长,暂时休眠,遇雨水后又能恢复生长。这些特性使它适宜在干旱地区或夏季干热风频发地区种植。高粱需水少,但供给充足的水分仍是获得高产的重要措施。

3. 耐涝、耐盐碱等抗性强 高粱耐涝,在抽穗后短期遭水淹,影响产量甚小。一般心叶淹水不超过 2 天,下部淹水不超过 7 天,不影响产量。而且杂交高粱的耐涝性比一般高粱品种更强。耐盐碱是高粱的又一特性。据试验,土壤含盐量小于 0.34% 时,高粱能正常生长,为一般作物所不及,也可作为盐碱地改良利用的先锋作物;土壤含盐在 0.34%～0.49%

时,其生长发育则受抑制;超过 0.49%,不能出苗或死亡。杂交高粱耐盐碱能力更强。此外,高粱还具有耐瘠薄及病虫害少等优点。

4. 对土壤养分的要求　高粱可种植于不同质地的土壤,但在沙土或黏土地上,都有不同程度的减产。其适宜的 pH 值是 6.5~8。在生育期中需要吸收大量的氮、磷、钾三要素。据分析,每生产 100 千克高粱籽实,需要氮素 2.6 千克,磷 1.36 千克,钾 3.06 千克,其比例约为 1:0.5:1.2。

5. 生育期　高粱品种资源丰富,生育期长短不一,有 80 多天成熟的极早熟种,也有 140~150 天成熟的晚熟种。影响生育期差异的本质在于品种的感光性和感温性。高粱为短日照作物,生长季节中高温短光照可促进发育,提前成熟,但茎叶产量降低;延长光照会贪青徒长,使茎叶产量提高。因此,在引种时要特别注意这一因素。凡对温、光反应迟钝而适应性广的品种,引种比较容易成功。

(三)栽培技术

1. 轮作、整地和土壤培肥　高粱忌连作,通常与浅耕作物以及豆类作物轮作为宜。原因是种过高粱的地块地力消耗较多,如不进行轮作倒茬,就会造成耕作层中某些营养元素缺乏,肥力降低。连作还容易引起黑穗病等病害。高粱对前作要求不严,但为获得高产,以能固氮的大豆为前茬最好,其次是施肥较多的小麦、玉米、棉花等作物。高粱虽然是适应性较强的作物,但从高产的要求考虑,深耕改土,加深耕作层,培肥土壤,是十分必要的。因此,播种前要以深耕并施用基肥为好。每公顷生产 6 000~7 500 千克籽实产量时,需施基肥 45 000~60 000 千克。施肥时若将农家肥料与过磷酸钙混合堆腐后用做基肥效果更好,在缺磷土壤上能大幅度提高产量。

2. 选用良种与播种　饲用高粱的推广品种有辽饲杂1号、辽饲杂2号、辽饲杂3号、沈农2号、原甜1号、天农青饲1号、大力士等。播前要选种、晒种、浸种催芽和药剂拌种,用种子重量0.3%的五氯硝基苯或菲醌拌种,可防治高粱黑穗病。为防地下害虫,常用氯丹或乐果拌种,拌种时用50%氯丹乳剂1千克或40%乐果乳剂1千克,加水40升,可分别拌高粱种子500~600千克。拌后堆闷4小时,晾干后即可播种。当5厘米处地温稳定在10℃~12℃时,才能开始播种。春季过早播种容易烂种,且易发病害。东北地区一般在4月下旬到5月上旬播种,华北和西北地区多在4月中下旬播种。饲用高粱可以稍迟播种,以便利用高温和夏季雨水,使营养体最大限度地生长发育;也可分期播种,以延长利用期。播种量每公顷22.5~30千克。以收籽实为目的的播种量少些,以收饲草用的播种量稍多些。高粱多实行宽行条播,行距为45~60厘米,也有宽窄行相间条播,行距50厘米及15厘米。播种方法有平播和垄播两种。华北、西北地区多为平播,东北地区以垄播为主。播种深度3~5厘米。播种时可混施氮、磷肥,每公顷各75千克作为种肥,这样有利于促进根系发育,培育壮苗。播后适当镇压,有利于提墒出苗。

3. 田间管理　当高粱长出3~4片真叶时要间苗,5~6叶、苗高约10厘米时要定苗,并结合间、定苗进行除草。每公顷保苗数:普通高粱75 000~105 000株,多穗高粱60 000~75 000株,甜高粱90 000~120 000株,青刈高粱150 000~180 000株。苗期中耕两次,也可采用化学除草,如扑灭津、阿特拉津、利谷隆等均有良好的效果。苗期最好采取蹲苗以控上促下,一般蹲苗时间控制在从定苗开始到拔节前结束。青刈高粱可不蹲苗。苗期因生长量小,需要的养分少,这个时期需氮量占总需肥量的 13.7%,磷为 12%,钾为 20%。一般在肥地,基肥、种肥充足时,可不追肥。但对弱苗、晚发苗、补栽苗需追施速效性氮肥,以使弱苗赶上壮苗,生长整齐一致。苗期要注意地老虎、蝼蛄和黏虫等害虫的防治,可用毒饵、灵丹粉等防治。拔节抽穗期应中耕 2～3 次,同时结合培土、追肥、灌溉。这个时期吸收的氮、磷、钾依次为苗期的 4.6 倍、7.2 倍和 3.7 倍。如果肥料不足,应重点放在拔节期 1 次施入。在拔节期土壤含水量低于田间持水量 75%、抽穗期低于田间持水量 70%时,应马上灌溉。拔节前对籽实用高粱(多穗高粱和饲用高粱除外)要及时除蘖,因其分蘖发育期晚,无生产价值。这个时期中耕结合培土,有利于支持根的早生快长,增强防风抗倒、防旱保墒能力。黏虫、蚜虫和玉米螟是这一时期的主要害虫,可用乐果、异丙磷等防治。结实期要保持田间持水量不低于 70%。蚜虫和黑穗病是后期的主要病虫害,要注意防治。在山东、河北和河南等地,在高粱生长后期有打叶的习惯。打下的叶既可用做饲草,又有利于通风透光,促进早熟。但打叶要适时、适量,以蜡熟中后期留 6 片叶为宜。

4. 收获　籽实用高粱,在蜡熟末期收获,这时其果穗下部籽实具固有色泽、硬而无浆、穗位节变黄。晒制干草用的高粱,在抽穗期刈割为好,不然晚刈割则使茎秆老化、纤维素含量增多,品质和适口性下降。青贮用高粱应在含糖量最多的乳熟末期收获为好。青刈甜高粱,可在开花至乳熟期根据饲用需求适时收获。一般每公顷可产鲜草 60 000～75 000 千克。早期刈割留茬 3～5 厘米,还可供青刈利用。多穗高粱后熟期短,要及时收获,以免发生穗上发芽的现象。高粱一般每公顷产籽实 3 750～6 000 千克。

(四)营养价值和利用

高粱籽实是重要的精饲料之一,青绿茎叶又是家畜优良的粗饲料。高粱茎秆与籽实均含有丰富的营养(表 2-2)。高粱可作为家畜家禽的精料,但籽实种皮中含有少量单宁。种皮颜色越深,单宁含量越多。单宁具有涩味,适口性差,赖氨酸及色氨酸含量偏低,宜与其他饲料配合饲喂。高粱的青绿茎叶,尤其是甜高粱的茎叶,是猪、牛、马、羊的好饲料,鲜饲、青贮或调制干草均可。高粱新鲜幼嫩茎叶中含有氢氰酸,采食过多易引起中毒。据报道,耕牛采食 0.5~1 千克的幼嫩高粱茎叶即可致死。出苗后 2~4 周含氢氰酸较多,成熟时大部分消失。上部叶较下部叶含量多,分蘖比主茎含量多,籽实高粱比甜高粱含量多,生长期中高温干燥时含量较高,土壤中氮肥多时含量也高。所以家畜不能饲喂过于幼嫩的高粱茎叶,一般在抽穗时刈割利用或与其他青饲料混饲较好。调制青贮料或晒制干草后毒性消失。高粱茎秆粗,水分不易蒸发,晒制干草比较困难,品质也较差。调制青贮料后,茎皮软化,适口性变好,消化率提高,是牛、羊、马等家畜的优良贮备饲料,尤其是甜高粱青贮料,日喂泌乳奶牛 30~40 千克,产奶量可提高 10%以上。

表 2-2 高粱的营养成分 （%）

类 别	水 分	粗蛋白质	粗脂肪	粗纤维	无氮浸出物	粗灰分
普通高粱籽实	13.0	8.5	3.6	1.5	71.2	2.2
多穗高粱籽实	9.0	8.8	2.5	1.9	75.6	2.2
高粱叶(干物质)	0	10.2	5.2	25.1	45.2	14.3

(五)国内审定登记品种介绍

1. 辽饲杂 1 号饲用高粱 审定登记年份:1990 年。品种来源:辽宁省农业科学院高粱研究所以引进并经鉴定的高粱雄性不育系 TX623A 为母本、糖高粱 1022(恢复系)为父本杂交选育而成。主要是利用其杂种优势,在生产上利用 F_1 代。品种特征特性:株高 320~350 厘米,叶片 20~22 片。苗色紫红,平均分蘖 0.93 个。中紧穗,筒形。紫花,白粒。千粒重 25.3 克。成熟时茎叶青绿。榨汁率 64.7%,汁液糖浓度 13%~15%。既可粮饲兼用,也可综合利用。抗病虫,尤其对高粱丝黑穗病表现高抗,叶部病害亦较轻。在沈阳地区生育期 134 天左右,播后 70~75 天即可用于青贮。抗旱、耐涝、耐瘠薄。每公顷产鲜草 45 000~75 000 千克,产籽实 5 250~6 000 千克。适应地区:在广东的深圳、云南、上海、河南、河北、北京、天津、辽宁、吉林、黑龙江的佳木斯等地均可种植。

2. 辽饲杂 2 号饲用高粱 审定登记年份:1996 年。品种来源:辽宁省农业科学院高粱研究所以自选饲用高粱不育系 LS3A 和外引甜高粱恢复系 Rio 杂交选育而成。品种特征特性:株高 340 厘米,茎粗 1.9 厘米,穗长 31.2 厘米。全株平均有叶 20~22 片。分蘖力较强。穗纺锤形、中紧,籽实黑壳白粒,千粒重 27.3 克。成熟时茎叶青绿,每株鲜重约 880 克。多汁,出汁率 65%,茎秆含糖量 15.5%,青贮效果好。苗期(4~5 叶龄)和成熟期茎叶中不含氢氰酸。每公顷产鲜草 55 000~75 000 千克,产籽实 7 500~9 000 千克。抗倒伏,耐旱、耐涝,生育期 125~130 天。适应地区:在辽宁、河北、河南、安徽、山东、广西、吉林、黑龙江、北京等地均可种植。

3. 辽饲杂 3 号饲用高粱 审定登记年份:2000 年。品种

来源:辽宁省农业科学院作物研究所以外引高粱不育系 ICS24A 为母本、甜高粱恢复系 1022 为父本杂交选育而成。品种特征特性:株高 350 厘米,茎粗 2 厘米。穗长 34 厘米,紫壳浅红粒,千粒重 30 克,单株粒重 80～90 克,单株鲜重800～1 000 克。成熟时茎叶青绿,不含氢氰酸。茎秆多糖多汁,含糖 15％～19％,榨汁率 65％,青贮效果好。成熟期茎叶干物质中粗蛋白质含量 3.88％,粗脂肪含量 0.39％,粗纤维含量 29.15％,无氮浸出物 63.07％,粗灰分 3.51％。高抗丝黑穗病、抗旱、耐涝,叶病轻,抗倒伏能力较强。可饲粮兼用,也可综合利用。生育期 122～127 天。每公顷产鲜草60 000～90 000 千克,产籽实 6 000～7 500 千克。适应地区:可在辽宁、河北、河南、湖南、安徽、山东、甘肃、广西等地种植。

4. 沈农 2 号饲用高粱　审定登记年份:1991 年。品种来源:由沈阳农业大学以从美国引进的 TX623A 为母本、外引甜高粱 Roma 为父本组配而成的杂交种。品种特征特性:植株高大(株高 3.5 米左右),生长繁茂,有分蘖性,成熟时茎叶青绿,每株鲜重 1 000 克左右。茎秆富含糖汁液,榨汁率为 65％以上。穗纺锤形,中紧,平均穗粒重 80 克。紫红壳,籽实灰黄色,千粒重 30 克左右,不着壳。在沈阳从出苗至成熟需 130 天左右。幼苗生长缓慢,后期生长发育迅速,开花后灌浆快。灌浆期全株干物质中粗蛋白质含量 4.47％,粗脂肪含量 3.21％,粗纤维含量 21.69％,无氮浸出物 65.6％,粗灰分 5.03％。耐瘠薄、耐盐碱,抗旱、抗黑穗病和叶部病害、抗倒伏,适应性较广。每公顷产鲜草 55 000～75 000 千克,产籽实 5 250～6 000 千克。适应地区:适于沈阳及其以南地区种植。特别适合北京、天津、河北、河南、广西等地种植。在山西、山东、湖南和贵州等省试种都获得成功。

5. 皖草2号高粱—苏丹草杂交种　审定登记年份:1998年。品种来源:安徽省农业技术师范学院和安徽省明光市高新技术研究所以外引高粱不育系 TX623A 为母本、自选苏丹草 722 为父本进行种间杂交选育而成,利用了 F_1 代杂种优势。品种特征特性:长相似高粱。生长前期发育较慢。籽实较高粱小,紫褐色,着壳率偏高。穗型松散。株高 250～280厘米。叶片 17～19 片,叶肥大,色深绿,脉有蜡质。茎粗壮,主茎分蘖较整齐,分蘖力中等,再生能力强。抽穗期全株干物质中粗蛋白质含量 15.7%,粗脂肪含量 5.9%,粗纤维含量22.66%,无氮浸出物 47.33%,粗灰分 8.41%。因鲜草茎叶中氢氰酸含量低,适宜鲜喂。用于养鱼可在出苗后 40 天第一次刈割,以后每隔 20～25 天再刈割;用于养牛可在出苗后 60天第一次刈割,以后每隔 40 天左右再刈割。刈割留茬高度约20 厘米,不能太低,要保证地面留茬 2～3 节,以利于再生。轻感紫斑病,易生蚜虫。根系发达,耐旱,适应性广,对土壤要求不严,对氮肥敏感,增产潜力大,每公顷产鲜草 150 000 千克以上。适应地区:我国南方各省以及适宜种植高粱和苏丹草的地区。

6. 天农青饲1号高粱—苏丹草杂交种　审定登记年份:2000 年。品种来源:天津农学院用从美国引进的 TX623A 不育系为母本,与用甜高粱和苏丹草杂交选育的种间杂种TS185 恢复系为父本杂交选育而成,属于三元杂交种。品种特征特性:形状像高粱,生长速度快,苗期紫色。生育期:在天津 90 天,在内蒙古自治区的通辽 120 天。株高 300 厘米左右,分蘖 4～5 个,叶片宽大、叶色深绿。成熟期茎秆青绿,茎汁含糖量 14%。收割后再生能力强,在天津青贮用可刈割 2次。草质优,适口性好,青饲和干饲均可,还可粮饲兼用。经分析,鲜草干物质中粗蛋白质含量为 8.31%,粗脂肪为 2.17%,粗灰分为 6.71%,无氮浸出物为 63.14%,粗纤维为 19.67%。具有较强的抗旱、耐涝、耐瘠、耐盐碱、耐高温等特性。成熟期收获每公顷产鲜草 75 000～90 000 千克,产籽实 5 000～7 500 千克。适应地区:黑龙江省三江平原及辽宁、上海、天津、河北、内蒙古等地区。

7. 原甜 1 号饲用甜高粱 审定登记年份:2002 年。品种来源:中国农业科学院原子能研究所从丽欧(Rio)甜高粱品种分离出的自然变异株,经系统选育而成。品种特征特性:该品种株高 350～380 厘米,绿芽鞘,1～2 个分蘖。穗长 25～30 厘米、纺锤状、中紧型,籽实无芒、紫壳、白色,千粒重 25～27 克。单株鲜重 800～1 000 克,穗粒重 80～100 克。茎秆多糖多汁,含糖量 18%～21%,出汁率 65%以上。活秆成熟,青贮效果好,可饲粮兼用。生育期约 130 天。乳熟期茎叶干物质中粗蛋白质含量为 9.81%,粗脂肪为 4.13%,粗灰分为 9.63%,无氮浸出物为 44.76%,粗纤维为 31.67%。该品种抗旱,耐涝、耐盐碱,抗倒伏,未发现穗病。每公顷产鲜草 70 000～75 000 千克,产籽实 3 500～3 800 千克。适应地区:北京、天津、内蒙古、山东、山西、河北、河南等地区。

8. 大力士饲用高粱 审定登记年份:2004 年。品种来源:澳大利亚 Hylam 种子公司用澳大利亚籽实型高粱和外引甜高粱杂交选育而成,1999 年百绿(天津)国际草业有限公司引进试种。品种特征特性:一年生,株高 300～400 厘米,分蘖 3～8 个。须根发达,入土深度 25～30 厘米。每茎有叶 12～14 片,叶长 80～110 厘米,叶宽 8～12 厘米,叶色深绿,叶脉白色。籽实卵圆形、红褐色、光滑、质硬,千粒重 19～21 克。晚熟品种。营养生长期时间长,在我国大部分地区不能开花结实。抽穗前全株干物质中含粗蛋白质 13.3%,茎秆含糖量 6%。适口性好。抗倒伏。鲜草产量较高,成熟期收获每公顷产鲜草 85 000～120 000 千克。适应地区:在我国北至东北到西北南部,南至华东、华中和西南地区。

9. 乐食高粱—苏丹草杂交种 审定登记年份:2004 年。品种来源:澳大利亚 Hylam 种子公司用澳大利亚籽实型高粱为母本、苏丹草为父本杂交选育而成,1999 年在澳大利亚登记注册,2000 年百绿(天津)国际草业有限公司引进。品种特征特性:株高 250～400 厘米,茎圆形,具 8～12 节。有叶 10～15 片,叶色深绿、光滑,叶脉白色。茎秆纤细,株高 2 米以下不倒伏,叶茎比例高。单株分蘖 4～8 个。籽实卵圆形、红褐色、光滑、质硬,千粒重 15～18 克。为晚熟品种。春季生长速度慢,夏季生长迅速,在北方地区不能开花结实。抽穗前全株干物质中含粗蛋白质 10.69%,粗纤维 24.57%。在内蒙古地区每公顷收获鲜草 100 000～122 500 千克,在云南地区每公顷收获鲜草 16 000 千克。适应地区:北京、内蒙古、云南等地。

10. 皖草 3 号高粱—苏丹草杂交种 审定登记年份:2005 年。品种来源:安徽科技学院和安徽省畜牧技术推广总站以高粱雄性不育系 623A 为母本、苏丹草 Sa 为父本组配而成。品种特征特性:株高 290 厘米左右,叶片肥大,茎秆粗壮,长相似高粱,穗型松散,根系发达,叶片数 15～19 片,分蘖数 2～6 个。1 年可刈割 3～5 次,刈割后植株再生力强,生长速度快。籽实偏小、紫褐色,穗长约 38 厘米,穗粒重 24.6 克,千粒重 14.5 克。全株干物质中含粗蛋白质 8.65%,粗脂肪 3.5%,粗纤维 26.11%,粗灰分 9.83%,无氮浸出物 51.91%。适合饲喂牛、羊、鹿、草鱼等草食性动物。抗旱,抗倒伏,蚜虫为害轻。每公顷产鲜草 10 500 千克。适应地区：北京、安徽、山西、江西、江苏、浙江等地。

三、大　麦

　　大麦又名草麦、元麦、青稞、米麦、有稃大麦、草大麦等。大麦为带壳大麦(皮大麦)和裸大麦的总称。习惯上指的大麦是指带壳大麦,裸大麦一般称为青稞、元麦和米麦。大麦是世界上古老的作物之一,原产于中亚细亚和中国,已有 5 000 年的种植历史。因其适应性和用途广、抗逆性强,在世界各地广泛分布,自北纬 65°的阿拉斯加寒冷地带,到地中海及埃及西北部年降水量 200 毫米的干旱地区均能种植,其栽培面积占全世界谷类作物的第六位。种植最多的是中国、前苏联和美国等国家。我国南起福建、江西,北到内蒙古、黑龙江等省、自治区都有种植。从类型看,除青海、西藏、四川康定等高海拔地区种植裸大麦外,其余地区多数是种植皮大麦。皮大麦又分春大麦及冬大麦两种,冬大麦主要种植在长江流域和河南等地,春大麦则分布在东北地区和内蒙古、青藏高原、山西、陕西、河北及甘肃等地。大麦除可作粮食之用外,也可作饲料用。

(一)植物学特征

大麦为禾本科一年生草本植物。

1. 根　须根系,根群主要集中在表土 30～50 厘米的土层中。

2. 茎　秆粗壮直立,由 4～8 节组成,高为 1～1.5 米,光滑。

3. 叶 为披针形,比小麦宽而短,叶色较淡,叶耳、叶舌比小麦大些。

4. 花 穗状花序长 3~8 厘米。穗轴每节着生 3 个完全发育的小穗,小穗无柄。每穗仅有一朵花,颖果呈线状或线状披针形,多数品种外稃有芒,芒粗糙。

5. 籽实与种子 皮大麦的果皮和内外稃紧密粘合,脱粒时不易分开。裸大麦的籽实则可与内外稃分离。种子千粒重 32~33 克。

(二)生物学特性

大麦喜冷凉气候,较耐低温。它还是长日照作物,每天 12~14 小时的持续长日照可使植株提前开花结实,而小于 12 小时的持续短日照,可使植株只进行营养生长,不能抽穗开花。所以,它在高纬度与高山地区都能种植。裸大麦耐寒力强于有稃大麦,故可在青藏高寒地区种植。春大麦种子发芽的最低温度为 3℃~4℃,最适温度为 18℃~25℃。幼苗能耐 -3℃~-4℃,甚至 -10℃~-12℃低温。但开花期在 -1℃时就受害。冬大麦比春大麦的耐寒力强。大麦的生育期短,一般比小麦早熟 10~15 天。大麦较耐旱,苗期需水量较少,分蘖到抽穗需水量渐增。大麦为喜光作物,生长期间如阳光充足,可使分蘖数增加;相反,如雨水过多,日照不足,茎叶徒长,则易于倒伏和致病。大麦的分蘖力比小麦强,在长出 3~4 片叶时开始分蘖,到拔节前后停止,在肥水足的条件下可一直分蘖到主茎成熟时。它对土壤的要求不严,以疏松、排水良好的中性壤土为好。不耐酸,苗期对酸敏感,当 pH 值达到 3.35 时即死亡,有一定的耐盐渍能力,在含盐量为 0.1%~0.2%的土壤上生长良好。

(三)栽培技术

1. 轮作、整地、播种 大麦的轮作形式多种多样。可与水稻、玉米、高粱、夏大豆、花生、甘薯及棉花、甜菜、马铃薯等作物轮作。因它生长期短,耗地轻,故为各种作物的良好前作。大麦是适宜密植的作物,吸收水肥能力较强,要求在播前耕地,并施足基肥,达到土壤疏松、平整,以保证播种质量。结合整地,最好重施 1 次基肥和种肥,一般每公顷施用厩肥30～40 吨、硫酸铵 150 千克、过磷酸钙 300 千克。有感染黑穗病的要浸种消毒,方法是冷水浸种 4 小时后用 51℃～54℃的温水浸泡 13 分钟。也有用 1%石灰水或 5%皂矾水浸种 6 小时后捞出晒干播种来防治黑穗病和条锈病的做法。播种期各地不一。冬大麦区播种期在 9～12 月份,北方早些,南方迟些。春大麦播种期为 3～4 月份。秋播的青刈大麦,应尽量早播。早播者抽穗植株多,青饲料产量高。播种量每公顷150～225千克。采用条播,行距 15～30 厘米,播深 3～5 厘米。作青饲用时可与苕子或豌豆等混播。

2. 田间管理和收获 冬大麦在返青时应中耕 1 次。籽实用春大麦应在分蘖拔节期中耕除草 1 次。青刈大麦可不中耕,但要注意追肥和浇水。大麦对氮、磷、钾三要素需要的比例为 5∶8∶8。氮、钾肥应早期施用,以利于根系的发育。特别是青刈两次的大麦,于第一次刈割后要及时进行追肥和浇水,以利于迅速再生,提高第二茬的产量。籽实大麦成熟后易落粒,要在蜡熟期适时收获。青刈大麦应在孕穗至开花期刈割,第二茬在第一茬收割后 30～40 天收获,收两茬的总产量与收一茬相近或略高,但其品质较好,能延长利用期。

(四)营养价值和利用

世界上大麦总产量中的 87%～90% 作为饲用。在我国饲用的约占 70%,其余用做粮食或酿造。大麦之所以在畜牧业饲料中占有重要的地位,是因为它具有较全面的饲用营养成分,尤其是蛋白质、各种氨基酸和矿物质含量均较丰富。大麦籽实的饲用价值相当于玉米的 95%。青刈大麦是奶牛春、冬季节的优质青饲料。在抽穗初期收割,可以调制成上等青贮饲料。大麦秸秆经氨化、碱化或盐化处理,可以提高饲料的适口性和消化率。大麦籽实是家畜日粮不可缺少的组成部分,尤其是在饲养瘦肉型猪的日粮中,23%～32% 是大麦籽实。腌制金华火腿和宣威火腿所用的生猪,大麦占其日粮的60% 左右。青刈大麦可作为马、牛、羊的青饲料,或供青贮或作为干草利用。大麦青贮料是猪、马、牛、羊、兔、鱼等动物的好饲料。大麦全株青贮料中含有籽实,营养价值高,用来饲喂奶牛时,日饲喂量可达 30～40 千克,相当于 15 千克的精饲料价值。大麦在饲用上的另一个重要用途就是在早春青饲料缺乏期间,用其作为发芽饲料,麦芽饲料含有较丰富的氨基酸和维生素,这对促进牲畜的生长发育具有重要作用。大麦的主要营养成分见表 2-3。

表 2-3　大麦的营养成分　(%)

类　别	水　分	粗蛋白质	粗脂肪	粗纤维	无氮浸出物	粗灰分
籽　实	10.91	12.26	1.84	6.95	65.21	2.83
干　草	9.66	8.5	2.53	30.13	40.41	8.76

(五)国内审定登记品种介绍

1. 察北野大麦 审定登记年份:1998 年。品种来源:由河北省张家口市草原畜牧所于 1997 年采集河北坝上天然盐渍化草地的野生种,经栽培驯化而成。品种特征特性:有短根茎,茎的基部常两节曲膝。株高 50～90 厘米。穗状花序,小穗着生紧密,每三枚小穗着生一节,中间小穗无柄,两侧小穗为雄性不孕。种子成熟后易逐节断落。种子轻,千粒重1.5～2 克。适宜生长在较低湿和微碱土壤中,耐盐性较强。质地柔软,适口性好。分蘖性强,返青早,生长迅速,能割草利用 5～7 年。一般每公顷产干草 5 000～7 000 千克,产种子 680～1 000 千克。适应地区:河北北部、内蒙古东南部、吉林、黑龙江、辽宁、甘肃、新疆等地。

2. 军需 1 号野大麦 审定登记年份:2002 年。品种来源:以吉林省前郭尔罗斯草原野大麦为材料,采用生物工程育种技术及常规育种方法选育而成。品种特征特性:多年生树丛性禾草,具有短根茎,直立或基部常曲膝状,株高 60～80 厘米。叶片呈绿色或灰绿色,叶长 5～16 厘米、叶宽 3～5 厘米,正面粗糙,背面光滑,叶鞘短于节间。穗状花序,穗长 7～8.6 厘米。生育期 110～130 天,结实率 46.67％。适应性较强,抗旱、耐寒、耐瘠和耐盐碱。该品种稳产、高产,品质较好。每公顷产干草 10 564 千克,产籽实 600～800 千克。适应地区:吉林、辽宁、河北、山东等地。

3. 鄂大麦 7 号大麦 审定登记年份:1998 年。品种来源:湖北省农业科学院粮食作物所以来自叙利亚的 Clipp-ervolla 为母本、来自丹麦的 W·71-11MEDA 为父本杂交后经系统选育而成。品种特征特性:为春性四棱皮麦。株高 90

厘米左右,株型紧凑,分蘖力较强,成穗率高。穗纺锤形,长
11 厘米,具长芒。叶片数 11~12 片,叶耳白色。产量构成合
理,一般每公顷有效穗数 600 万个,穗实粒数 40 粒,千粒重
32 克。综合抗性好,高抗白粉病、锈病、条纹斑病,抗赤霉病,
轻感黑穗病。适应性广,营养丰富,饲用价值高。生育期属中
早熟品种,可迟播,播期弹性大。每公顷产籽实 6 000~10 500
千克,产秸秆 7 500 千克左右。适应地区:湖北各地及江苏、
湖南、河南、福建等地。

4. 蒙克尔大麦 审定登记年份:1988 年。品种来源:中
国农业科学院草原所于 1976 年由中国农业科学院国外引种
室由美国引进的材料中引种选育而成。品种特征特性:粮饲
兼用型品种。芽鞘白色,幼苗直立,秆苗壮,抗倒伏性能特强。
叶宽大,叶色深绿,叶耳、叶舌大而呈白色。分蘖力中等,穗层
整齐,成穗率高,穗长 6.8~7.6 厘米,每穗平均粒数 50~60
粒(最高可达 80 粒)。籽实浅黄色,具有白色糊粉,芒长锯齿。
千粒重 36~41 克。高抗黑穗病,但在我国南方高温多湿生境
条件下,有时出现锈病和赤霉病。苗期抗盐碱性很强,适应性
广,稳产、高产。一般每公顷产鲜草约 35 000 千克、产籽实
4 500~6 500 千克。适应地区:适于在我国华北、西北和东北
春大麦区以及云贵高原冬大麦区种植。

5. 斯特波春大麦 审定登记年份:1991 年。品种来源:
由四川省古蔺县畜牧局于 1986 年经四川省草原工作站从美
国华盛顿州引进。品种特征特性:株高 115 厘米,秆粗 0.4 厘
米,顶端与穗基部呈"L"形弯曲。秆基部、节、叶鞘、叶耳均为
紫色。叶浅绿色,长 26.6 厘米,宽 1.7 厘米。穗直立扇形,六
棱。外稃延伸为芒,芒长 6 厘米。穗长 8.3 厘米,每穗平均有
24.9 个小穗,种子 80 余粒,种子卵形,千粒重 36 克 。分蘖

力强,生长快,抗倒伏,抗锈病力强,对土壤要求不严。较耐旱,适应性广,贵州、四川盆地周边山区种植均表现明显增产。种子干物质中含粗蛋白质 11.4%,粗脂肪 1.86%,粗纤维 6.23%,无氮浸出物 77.8%,粗灰分 2.74%,是饲喂各种畜禽的良好精饲料。该品种穗多、粒多。种子产量高,每公顷可达 7 680 千克。适应地区:在四川、贵州省海拔 300～1 350 米、大于或等于 10℃有效积温 5 000℃～6 500℃的盆地周边山区种植,在四川盆地平原也能生长。

四、燕 麦

燕麦又名铃铛麦、有皮燕麦、草燕麦。燕麦分为带稃和裸粒两种。带稃燕麦为饲用,是一种优良的饲用麦类;裸燕麦也叫莜麦,常作为人类食用粮。在世界谷类作物栽培面积中,燕麦仅次于小麦、玉米和水稻而居第四位,它广布于欧洲、非洲和亚洲的温带地区。我国燕麦主要分布于东北、华北和西北的高寒地区。近年来,随着人工草地的建立,燕麦开始在牧区大量种植,发展很快,已成为当地枯草季节的重要饲料来源。在华北地区的奶牛场也种植燕麦作为青饲料和青贮原料。

(一)植物学特征

燕麦是禾本科燕麦属一年生草本植物。

1. 根 须根系,较发达,入土深度达 1 米左右。

2. 茎 直立,株高 80～150 厘米,丛生型,分蘖较多,茎由 4～7 节组成。

3. 叶 叶片宽而平展,长 15～40 厘米,宽 0.6～1.2 厘米,无叶耳,叶舌膜质。

4. 花、种子　圆锥花序,小穗含 2～5 朵花。燕麦是自花授粉作物,开花时雌雄同时成熟。其颖较宽大,种子纺锤形。外稃具短芒或无芒,具纤毛。千粒重 25～30 克。谷壳率占籽实重量的 20%～30%。

(二)生物学特性

燕麦有春燕麦及冬燕麦两种,我国以春燕麦种植较多。还有很多地方品种,其生育期差异甚大。春播燕麦早熟品种的生育期为 75～90 天,其植株较矮,籽实饱满,适于作为精饲料;晚熟品种的生育期为 105～125 天,其茎叶高大繁茂,适宜制作青饲料或干草;中熟品种的生育期为 90～105 天,株丛高度介于上述两者之间,属兼用型燕麦。燕麦是长日照植物,延长光照,可使生育期缩短,喜冷凉湿润的气候,不耐热。种子发芽的最低温度为 3℃～4℃,最适温度为 15℃～25℃。幼苗能耐 -2℃～-4℃ 的低温,成株遇 -3℃～-4℃ 低温仍能缓慢生长,但温度低至 -6℃ 时则受害。开花和灌浆期遇高温则影响结实。燕麦抗旱性弱,需水量较其他谷类作物多。燕麦对土壤选择不严,各类土壤均可种植,但以富含有机质的壤土为最佳。

(三)栽培技术

1. 轮作、整地、播种　燕麦忌连作,可与马铃薯、豌豆、甘薯、玉米、花生、甜菜等作物轮作。播种燕麦,整地质量要良好,春燕麦播前秋季深耕是丰产的重要条件之一,每公顷可施基肥 22 500～37 500 千克。黑穗病流行地区,可实行温汤浸种。播种期因地区和栽培目的不同而异。在北方通常从 4 月上旬开始到 6 月上旬结束。温暖地区秋播,多在 11 月份。播种量每公顷 150～225 千克。青刈燕麦可适当密植,播种量增加 20%～30%。一般采用条播,行距为 15～30 厘米,覆土深度 3～4 厘米。燕麦宜与豌豆、苕子等豆科作物混播,燕麦播种量占 2/3～3/4。

2. 田间管理　　主要是追肥和浇水。施肥的原则是前期以氮肥为主,后期以磷、钾肥为主,以防造成徒长而引起倒伏。从分蘖到拔节是需水分最多的时期,要注意充分供水。燕麦的病害主要是黑穗病和锈病等,虫害主要是黏虫、土蝗、蝼蛄、金针虫和蛴螬等,应及时检查并防治。

3. 收获　　收籽实燕麦,要在穗上部的籽实达到完熟,而穗下部籽实蜡熟时收获,一般每公顷产籽实可达 2 250～3 000 千克。青刈燕麦可在拔节至开花期刈割。燕麦再生力较强,可以刈割两次;两次刈割的间隔时间为 30～40 天,第一次刈割留茬 5 厘米左右,第二茬贴地面刈割。一般每公顷鲜草产量可达 22 500～30 000 千克。虽然第一次刈割与再次刈割产量相近,但就蛋白质产量而言,则以分期刈割为高。

(四)营养价值和利用

燕麦籽实中含有较丰富的蛋白质。皮燕麦的蛋白质为 12%～13%;另外一种裸燕麦(通称莜麦,分布于高寒地区,主要为食用,也可饲用)的蛋白质含量稍高,约为 15%,有时可高达 21% 以上。燕麦脂肪含量高于 4.5%,比小麦和大麦多两倍以上。其籽实粗纤维含量高、能量少,营养价值低于玉米,适合于饲喂马、牛,不适宜饲喂猪、禽。青刈燕麦则柔嫩多汁,适口性好,无论作为青饲、青贮或调制干草都适宜。燕麦除饲用外也可食用。籽实加工成燕麦片是营养价值较高、易消化的优良保健食品。燕麦的营养成分见表 2-4。

表 2-4　燕麦的营养成分　（%）

类　别	水　分	粗蛋白质	粗脂肪	粗纤维	无氮浸出物	粗灰分
籽　实	11.0	10.3	3.9	10.1	59.8	4.9
青干草	10.2	5.4	2.2	28.2	44.6	9.4
秸　秆	14.7	1.4	1.6	33.4	41.0	7.9

（五）国内登记品种介绍

1. 丹麦 444 燕麦　审定登记年份：1992 年。品种来源：原产于丹麦，中国农业科学院于 1953 年引进，1971 年由青海省畜牧兽医科学院草原所引种试验筛选后推广而成。品种特征特性：属中熟草籽兼用品种，生育期 100～120 天。株高130～150 厘米，穗长 21～26 厘米，叶长 30～35 厘米，叶宽2～2.5 厘米。籽实黑色具芒，千粒重 33～35 克。抗逆性强，抗倒伏，抗锈病和黑穗病。产量高，每公顷产鲜草 30 000～45 000 千克，产籽实 3 000～4 000 千克。适应地区：适于在青海、甘肃、内蒙古、西藏、山西、辽宁、吉林和黑龙江等地栽培。

2. 哈尔满燕麦　审定登记年份：1988 年。品种来源：由中国农业科学院草原研究所于 1972 年从国外引进试种筛选出的粮饲兼用型品种。品种特征特性：在我国北方春播的属中熟品种，生育期 85～90 天。株高 100～129 厘米，茎叶深绿，不易倒伏。分蘖力强，成穗率高，穗型周散，松紧中等，穗长 20～23 厘米。籽实纺锤形，皮壳米黄色偏白，粒大饱满，不易落粒，千粒重 30～35 克。皮薄，皮壳率为 26.5%，品质好。生长整齐健壮，耐旱、耐低温，受霜冻和冰雹危害后恢复生长能力强。每公顷可产籽实 2 200～4 500 千克，产鲜草 22 000～30 000 千克。适应地区：适于在内蒙古、河北坝上、黑龙江、吉林、甘肃、青海、宁夏、西藏、四川、贵州、广西等地区栽培。

3. 马匹牙燕麦 审定登记年份:1988 年。品种来源:1972 年由中国农业科学院草原研究所从国外引进试种筛选出的粮饲兼用型品种。品种特征特性:秆粗壮、带有蜡粉,株高 70~85 厘米。叶片宽展上举,叶深绿色,旗叶紧包穗轴基部。穗长 15~18 厘米。种子纺锤形,皮壳白色,稍带米黄色,粒大饱满,千粒重 30~35 克。株型紧凑,生长整齐健壮,透风透光好,抗倒伏、抗落粒,适于密植和高水肥栽培。耐寒,受霜冻后恢复速度快,再生力强。在我国北方抗黑穗病和冠锈病。属于短秆中熟品种,生育期 90~105 天。籽实和茎叶的适口性好。一般每公顷产籽实 2 500~3 800 千克,产鲜草 22 000~30 000 千克。适应地区:适于在内蒙古、河北省坝上、黑龙江、吉林、四川、贵州、广西等地区栽培。

4. 苏联燕麦 审定登记年份:1992 年。品种来源:原产于前苏联,1953 年被引入我国,青海省畜牧兽医科学院草原所于 1971 年引种试验筛选后获得的粮饲兼用型品种。品种特征特性:属中晚熟品种,生育期 120~135 天。株高 140~160 厘米,茎粗 0.5~0.7 厘米,穗长 25 厘米,叶长 30 厘米,叶宽 2~3 厘米。籽实白色无芒,粒大饱满,千粒重 35~37 克。穗侧散型,穗轴基部明显扭曲。生长整齐,抗倒伏,茎叶有甜味,适口性好。每公顷产鲜草 38 000~52 000 千克,产籽实 4 500 千克。适应地区:适于在青海、甘肃、内蒙古、西藏、山西等地和东北地区栽培。

5. 青早 1 号燕麦 审定登记年份:1999 年。品种来源:由青海大学农牧学院草原系以本地黄燕麦为母本,引自加拿大的 OA-313 为父本杂交选育而成。品种特征特性:极早熟、籽用型品种。从出苗至成熟 78 天(西宁)~110 天(果洛州大武镇),主要表现为从出苗至抽穗的天数较少,而开花至成熟的天数与对照品种(本地黄燕麦)相差不大。籽实白色(略呈淡黄色)、纺锤形,籽实饱满度和整齐度较好,千粒重27～34克,谷壳率25%左右,粗蛋白质(带壳)含量13.7%,粗脂肪(带壳)含量4.55%,粗纤维(带壳)含量9%,不易落粒。穗为周散型,基本无芒,每穗13～35粒。株高70～90厘米。分蘖力较弱。叶片较窄。具有较强的抗寒及抗旱、耐贫瘠能力。在大于或等于5℃积温为900℃左右、无绝对无霜期的地区,每公顷籽实产量为2 400～3 100千克。适应地区:适于在大于或等于5℃积温为900℃左右、无绝对无霜期的极高寒地区旱作种植。

6. 青引1号燕麦 审定登记年份:2004年。品种来源:原产河北省张北地区。从1985年开始,青海省畜牧兽医科学院草原研究所引入筛选鉴定而成。品种特征特性:粮饲兼用型品种。株高120～170厘米,茎粗0.5厘米,叶长30～40厘米、叶宽1.9厘米,叶绿色。主穗长19～21厘米,穗型周散。种子浅黄色、纺锤形,千粒重30～36克。早熟,在青海省西宁地区生育期约95天,在海拔2 700米的青海省湟中县生育期约110天。茎叶柔软,适口性好,开花期全株干物质中含粗蛋白质7.01%,粗脂肪1.9%,粗纤维39.13%,无氮浸出物45.37%,粗灰分6.59%。耐寒、抗倒伏。在海拔2 280米的西宁,每公顷产鲜草38 500千克;在海拔2 700米的湟中县,每公顷产鲜草可达53 000千克;在海拔4 000米的果洛州不能结实,每公顷产鲜草约为14 000千克。适应地区:适宜于青海省海拔3 000米以下地区粮饲兼用,3 000米以上地区作为饲草种植。

7. 青引2号燕麦 审定登记年份:2004年。品种来源:原产于加拿大,1960年由中国农业科学院引进,青海省畜牧科学院草原研究所1985年引入筛选鉴定而成。品种特征特性：粮饲兼用型品种，一年生，株高140～160厘米，茎粗约0.5厘米，叶长21～38厘米、叶宽1.3～1.7厘米。主穗长18～22厘米，穗型周散。种子披针形、浅黄色，千粒重30～35克。茎叶柔软，适口性好。开花期全株干物质中含粗蛋白质7.8%，粗脂肪3.62%，粗纤维36.48%，无氮浸出物43.55%，粗灰分8.55%。在青海省西宁地区的生育期约100天。耐寒，抗倒伏。在海拔2650米的大通县，每公顷产鲜草60000～67500千克，产种子3800～5100千克。在海拔4000米的高寒地区，每公顷产鲜草约55000千克。适应地区：适于青海省海拔3000米以下地区粮饲兼用，3000米以上地区作为饲草种植。

五、黑　麦

黑麦又名粗麦、洋麦。原产于阿富汗、伊朗、土耳其一带。原为原生种，驯化后在北欧严寒地区部分代替了小麦，成为一种栽培作物。在我国的东北、华北、西北地区及云贵高原均有栽培种植。在欧洲北部以及北美也有栽培。它既作为粮食也作为饲料。而专门作为青饲料栽培的是在北方的一些奶牛场及少数猪场中，目的是解决早春青饲及青贮的原料。

（一）植物学特征

黑麦为禾本科黑麦属一年生草本植物。

1. 根　须根系，根系发达，入土深1～1.5米。

2. 茎　直立，株高1.1～1.3米，下部节间短，抗倒伏能力强，分蘖多，可达30～50个分枝，稀植时往往丛生。

3. 叶 叶片扁平，长 5～30 厘米，宽 0.5～0.8 厘米。

4. 花 顶生，穗状花序。穗长 8～12 厘米，穗宽约 1 厘米。小穗长约 1.5 厘米。含 2～3 朵小花，下部小花结实，顶生小花不育。

5. 果实 为颖果，细长呈卵形，腹沟浅，红褐色或暗褐色。

(二)生物学特性

黑麦喜冷凉气候。有冬性和春性两种。在高寒地区只能种春黑麦，温暖地区两种黑麦均可种植。黑麦的生育期要求大于或等于 10℃ 的积温在 2 100℃～2 500℃ 之间，与小麦的生育期要求相似。在北京地区是 9 月下旬播种，翌年 6 月中下旬收获。它是长日照植物。黑麦具有较强的抗旱、抗寒和耐瘠薄能力。种子发芽最低温度为 6℃～8℃，幼苗可耐 5℃～6℃ 的低温。冬性品种能忍受 −25℃ 的低温，在有雪覆盖时能在 −37℃ 低温下越冬。但它不耐高温和湿涝。对土壤覆盖要求不严格，以砂壤土上生长为宜。

(三)栽培技术

华北及其他较温暖地区，黑麦为玉米、高粱、谷子、大豆的后作。北京地区一般在 9 月下旬播种。播前需将地整好，结合整地施足基肥，一般每公顷施入 22.5～45 吨优质腐熟的农家肥。通常采用条播，行距 15～30 厘米，播深 3～5 厘米。播种量：青刈的黑麦为每公顷 150～180 千克，收籽实用的为每公顷 60～90 千克。播后立即镇压，播种后 6～7 天出苗。黑麦为密植作物，可有效地抑制杂草生长，一般不用中耕。秋播黑麦在越冬前，可用碌碡压青 1～2 次，以利于促进分蘖，提高越冬率。11月下旬浇冬水1次。翌年3月中旬返青时应进行施肥灌溉,4月中旬拔节时再施肥、灌水,5月上旬孕穗初期、株高达到40～60厘米时即可刈割利用,留茬高度5厘米,第二次刈割不必留茬,两次刈割的产量分别占60%和40%。通常每公顷可产青饲料30～37.5吨。若收种子,则在6月下旬、达蜡熟中期至末期时收获,一般每公顷可产籽实3 300～3 750千克。用做青贮或调制干草时应在抽穗期刈割。对于西北和东北的寒冷地区只能春播。一般是在5月上中旬播种。

(四)营养价值和利用

黑麦茎叶产量高,营养丰富,适口性好,是牛、羊的优质饲料。青刈黑麦茎叶的粗蛋白质含量以孕穗初期最高,是青饲的最佳时期。若以收干草为目的,则以抽穗始期收割为宜。每公顷可晒制干草6 000～7 500千克。北京地区其表现的优点是:比较耐寒,返青早,生长迅速,在4月底或5月初即可刈割利用,是早春青绿饲料的来源。青刈黑麦各生育期的营养成分见表2-5。

表2-5　青刈黑麦各生育期的营养成分　(%)

生育期	水　分	粗蛋白质	粗脂肪	粗纤维	无氮浸出物	粗灰分
拔节期	3.86	15.08	4.43	16.97	59.38	4.14
孕穗始期	3.87	17.65	3.91	20.29	48.01	10.14
孕穗期	3.25	17.16	3.62	20.67	49.19	9.36
孕穗后期	5.34	15.97	3.93	23.41	47.00	9.69
抽穗始期	3.89	12.95	3.29	31.36	44.94	7.46

注:黑麦品种为冬牧70

(五)国内登记品种介绍

1. 冬牧 70 黑麦　审定登记年份:1988 年。品种来源:1979 年江苏省太湖地区农业科学研究所从美国引进试种。品种特征特性:一年生作物。秆坚韧、粗壮。叶鞘紫色,具茸毛,叶色深绿。穗状花序,顶生紧密。小穗单生,含三朵小花,其中的两朵花结实。种子淡褐或棕色。该品种播期弹性大,8~11 月份均可播种。植株较高大(高 1 米以上),早期生长快,分蘖多。耐寒性强,再生力好。我国南方秋播,冬季可青刈利用 1~2 次,早春青刈 2~3 次,是解决冬、春青饲料的优良饲料作物。我国北方各地种植的表现为:其耐寒性、丰产性均比普通黑麦强。对土壤要求不严,较耐瘠。抗病虫害能力强。营养期青刈,叶量大,草质软,蛋白质含量较高,是牲畜、兔、鹅的优质饲草。每公顷产鲜草 70 000~100 000 千克,种子产量亦较高,可供作畜禽的精料。适应地区:我国各地均可种植,尤其适宜在我国南方和长江中下游流域各省的冬闲田秋播。

2. 奥克隆黑麦　审定登记年份:2002 年。品种来源:1997 年北京农业大学从美国引进,中国农业科学院作物育种栽培研究所试种鉴定后登记。品种特征特性:株高 1.5 米,生长整齐。叶色深绿有蜡质,叶鞘紫绿色、有茸毛。穗长纺锤形,具芒,有小穗 36~40 个,每小穗有种子 2 粒。种子细长、有茸毛,千粒重 23~25 克。它是冬性品种,可耐 -20℃的低温。返青后在 5℃~15℃的条件下即生长迅速,早熟,一般 4 月中下旬抽穗,5 月下旬至 6 月上旬种子成熟。种子干物质中粗蛋白质含量为 15.96%;灌浆期植株干物质中粗蛋白质含量为 13.04%,粗脂肪 2.99%,粗纤维 37.46%,无氮浸出物 37.99%,粗灰分 8.52%。该品种对白粉病免疫,高抗叶锈病,对条锈病轻感。每公顷可产鲜草 30 000～40 000 千克,产籽实 3 000～3 750 千克。适应地区:适宜于黄淮海地区秋播,长江以南地区冬播。

3. 中饲 507 黑麦 审定登记年份:2004 年。品种来源:1990 年中国农业科学院作物育种栽培研究所以荷兰四倍体黑麦 AR174 为母本、苏联四倍体黑麦 AR307 为父本杂交选育而成的强冬性四倍体黑麦。品种特征特性:强冬性晚熟品种。芽鞘淡红,叶色深绿,分蘖多,茎秆粗壮有弹性,叶量大,株高 1.5～1.7 米。穗长方形、短芒,有小穗 30～40 个。每小穗 2 粒种子,种子大而细长、淡青色或黄褐色、腹沟浅,千粒重 32～38 克。适应性广,苗期生长快,可在冬、春枯草季节提供优质饲草。种子干物质中粗蛋白质含量为 16.08%。灌浆期植株干物质中粗蛋白质含量为 12.38%,粗脂肪 3.2%,粗纤维 35.9%,无氮浸出物 37.88%,粗灰分 10.64%。该品种对条锈病免疫,高抗叶锈病。抗寒、抗倒伏。每公顷可产鲜草 45 000～50 000 千克,产籽实 3 000～3 750 千克。适应地区:适于黄淮海地区、西北及东北地区秋播,长江以南地区冬播。

六、小黑麦

小黑麦是由小麦和黑麦属间杂交后经染色体加倍人工合成的新物种。20 世纪 70 年代以来,小黑麦在加拿大、法国、德国和欧洲的许多国家迅速发展,据 1987 年统计,全世界种植面积已达 22 500 万公顷。我国于 70 年代育成八倍体小黑麦,并在云贵高原等地区推广作为粮食应用。2002 年全国种植小黑麦的面积约为 30 万公顷。近年来,由于饲料需求量的增加,也加强了饲用型小黑麦品种的选育。已选出了几个冬性品种和春性品种。由于其产草量高、抗逆性强、适应性广、营养价值高,已受到畜牧界的日益重视。

(一)植物学特征

小黑麦是禾本科一年生草本植物。

1. 根 须根系,根系发达。

2. 茎 秆直立,植株高度为 130～160 厘米(最高的可达 180 厘米)。茎有分蘖,通常能达到每株 5～6 个。

3. 叶 叶片扁平。

4. 花、果 穗状花序顶生。果实为颖果。

(二)生物学特性

小黑麦不但保持了小麦的丰产性和优良品质,而且它还具有黑麦的抗逆性,表现出很强的抗寒、耐旱和抗病能力。它分为冬性和春性两种。通常在高寒地区种植春性品种。它能忍受—20℃甚至更低的温度。同时也耐干旱和阴湿。对白粉病的免疫性强,还能抗丛矮、黄矮、病毒病和锈病。对土壤的要求不严格,对土壤的氢离子浓度(酸碱性)和铝离子的忍耐力强于小麦和大麦。在北京地区,冬性品种 10 月上旬播种,翌年 5 月中旬抽穗,5 月 20 日可收割作为青贮原料;春性品种则在 3 月上旬播种,5 月下旬抽穗,可于 5 月下旬至 6 月初收割作为鲜草,其生育期略长于小麦和大麦。

(三)栽培技术

栽培时要选择适宜的品种,现在可供生产用的饲用型小黑麦品种有:由中国农业科学院作物所育成的冬性品种

H1890 和 WH830,春性品种 H1811 等。播种前要精细整地，做到上虚下实。结合整地每公顷施厩肥 30 000～45 000 千克，磷肥 750 千克,种肥(尿素)60～75 千克。播种量:收种子的每公顷播 120 千克,青刈利用的每公顷播 150 千克。北京地区的播种期:冬性品种于 9 月下旬至 10 月上旬,春性品种于 3 月上旬。播种方式多采用条播,行距 15～30 厘米,深度 2～3 厘米。冬性品种在冬前、返青、拔节期及抽穗期要结合中耕追肥浇水。春性品种通常在分蘖期追肥浇水。种子收获在 6 月下旬,而青饲则应在孕穗初期收获,青贮的可在抽穗始期收获。

(四)营养价值和利用

在我国西南、西北高寒山区,小黑麦常作为粮食作物种植。不仅能用做面包、面条等面食产品,而且还可以用于酿造酒类产品。作为饲料利用,小黑麦在营养生长期,茎叶鲜嫩、适口性好,牛、马、羊、兔等家畜均喜食,其草质优于黑麦,可用做青饲、青贮或调制干草。小黑麦籽实产量接近于普通小麦,粗蛋白质含量也高,是家畜的优质精料。收种后的秸秆也可作为饲料用。有些地方还用于养鱼。小黑麦与小麦、黑麦、大麦鲜草营养成分比较见表 2-6。

表 2-6　小黑麦与小麦、黑麦、大麦鲜草营养成分比较　(%)

作物品种	水　分	粗蛋白质	糖	粗纤维	碳水化合物	粗灰分
小黑麦 H1890	69.3	4.3	4.4	10.0	8.0	4.0
小麦丰抗 8 号	71.6	4.0	2.0	9.9	9.0	3.1
黑麦 132	69.6	4.2	2.3	11.2	9.4	3.3
大麦 206	74.0	3.4	3.8	8.2	8.2	2.4

(五)国内登记品种介绍

1. 中新 1881 小黑麦　审定登记年份:1995 年。品种来源:中国农业科学院作物育种栽培研究所以春性八倍体小黑麦 H221 为母本,与匈牙利引进的冬性六倍体小黑麦匈 64 为父本杂交育成。品种特征特性:芽鞘淡红,幼苗匍匐,叶片宽肥深绿,株高 1.3～1.5 米,茎秆粗壮有弹性,根系发达,分蘖性强。穗长 10～15 厘米、呈纺锤形,长芒,穗基部有茸毛。每穗小穗数 24～32 个,每小穗含种子 2～4 粒,白壳黄粒,千粒重 34～38 克。春性,早熟,生育期 120 天左右。对白粉病免疫,高抗丛矮病毒病和锈病。苗期分蘖强,再生性好,耐寒,较耐盐碱和酸性土壤。扬花后每公顷收青草 30 000～35 000 千克,收籽实 3 000～3 600 千克。适应地区:北方春播,南方秋播。

2. 中饲 237 小黑麦　审定登记年份:1998 年。品种来源:由中国农业科学院作物育种栽培研究所用小黑麦不育系 NTH101 与小黑麦 WOH18、WOH45 等 15 个品系杂交组群,经 3 个轮回选择培育而成。品种特征特性:一年生冬性。芽鞘淡红色,见光变绿,幼苗匍匐。叶片宽厚,淡蓝绿色。株高 1.5 米左右,茎秆粗壮,叶量大。穗长方形,长芒,白壳,红粒,种子长卵形,顶部有茸毛,腹沟较深,千粒重 38～40 克。茎叶柔软,适口性好。种子中干物质含粗蛋白质 14.05%。开花期全株干物质中含粗蛋白质 11.83%,粗脂肪 3.05%,粗纤维 29.13%,无氮浸出物 45.73%,粗灰分 10.26%。生育期 250～260 天。抗寒性强,越冬总茎数较多。综合性状好,对白粉病免疫,高抗三锈(条锈、叶锈、果锈)和丛矮病毒病,较耐盐碱及酸性土壤。生长繁茂,抗倒伏,便于机械收割,每公顷产干草8500～12 500千克,产籽实3 750千克。适应地区:北方黄淮地区可粮草兼用,长江以南冬闲田可种植用做青饲、青贮。

3. 中饲828小黑麦 审定登记年份:2002年。品种来源:由中国农业科学院作物育种栽培研究所用八倍体小黑麦H4372为母本、六倍体小黑麦WOH90为父本杂交选育而成。品种特征特性:它属于中晚熟冬性品种。抗寒,可耐－25℃低温。越冬返青后在5℃～15℃条件下生长快。株高1.5～1.8米,叶片深绿色、有蜡质。茎秆粗壮,较抗倒伏,适宜机械收割。穗纺锤形,中等芒长,每穗有小穗20～30个,结种子40～50粒,成熟后穗向下弯曲,穗茎基部有茸毛。种子长卵形,白壳,红粒,半玻璃质,顶端有茸毛。千粒重35～37克。种子干物质中含粗蛋白质17.12%。开花期全株干物质中含粗蛋白质16.58%,粗脂肪4.15%,粗纤维25.35%,无氮浸出物41.45%,粗灰分12.47%。对白粉病免疫,高抗条锈病,中抗叶锈病。每公顷产鲜草约45 000千克,产籽实3 000～5 000千克。适应地区:黄淮地区和东北、西北部分地区秋播,长江以南冬闲田可冬播种植用做青饲、青贮。

此外,中国农业科学院作物所还分别于1993年、1998年在北京和天津审定登记了中饲1890(适于北京地区和高寒山区种植)与中新830(对光温不敏感、早熟,适于黄淮和南方冬闲田种植)两个小黑麦品种。

七、谷　子

谷子又名粟、小米等。原产于我国,为古老的作物之一,已有6 000年的栽培历史。谷子的籽实可供食用,谷草可饲用。栽培作为谷草用时,一般在抽穗至乳熟期收割,晒制干草,俗称草谷子。谷子在世界上分布很广,以中国、印度、巴基斯坦和埃及栽培较多。我国主要在北方干旱少雨地区种植。其适应性广,耐干旱、耐瘠薄,抗逆性强,籽实耐贮藏,是重要的粮食作物之一,也是北方的重要饲用做物。

(一)植物学特征

谷子是禾本科粟属一年生草本植物。

1. 根 须根系,主要分布在 0～30 厘米的土层中,分蘖时长出次生根。

2. 茎 茎秆直立,株高 60～150 厘米。茎基部生支持根。主茎有节 8～25 个,当幼苗出现 4～5 个叶片时即开始形成分蘖,每株分蘖有 5 个左右,分蘖晚的多不结实,但能增加青草料的产量。

3. 叶 叶条状披针形,上面粗糙,下面较光滑,无叶耳。

4. 花 穗状圆锥花序,通常下垂,长 10～40 厘米,小穗成簇。雌蕊柱头呈羽状分枝,子房侧生三个雄蕊,花药黄白色。靠子房基部侧生两个鳞片。它是自花授粉作物,自然杂交率为 0.5%～5%。

5. 籽实 为颖果,籽实圆形或卵形,外壳有黄、黄白、黑、灰、红等颜色。千粒重 1.7～4.5 克。

(二)生物学特性

1. 对温度的要求 谷子是喜温的短日照作物,对光敏感,缩短光照可以加快生长发育进程。全生育期要求平均气温 20℃左右,生育期间的积温介于 1 600℃～3 300℃。种子发芽的最低温度为 5℃,但发芽极慢,需 10 天以上。20℃时,播后 5～6 天就可发芽出土。其发芽的最适温度为 24℃,通常田间 10 厘米土层地温达到 8℃～10℃ 即可播种。幼苗期不抗寒,遇 1℃～2℃ 低温即受害。出苗后幼苗至拔节期以 22℃ 为宜;幼穗分化到开花期需 24℃～25℃,而开花到成熟期则要求温度逐渐降低,以平均 20℃ 为宜。

2. 对水分的要求 谷子耐旱性强,其蒸腾系数为 142～271,远远低于高粱(332)、玉米(368)和小麦(513)。田间持水量 50% 时最适于播种发芽。幼苗期极耐旱,出苗至拔节期的耗水量占全生育期耗水量的 6.1%,拔节期到抽穗期为 43.9%,开花期为 21.1%,灌浆期和成熟期分别为 19.3% 和 9.6%。实践证明,拔节期前干旱对秆和穗的生长发育并无大的影响。谷子对水分的要求规律可概括为"早期耐旱,中期宜湿,后期怕涝"。

3. 对土壤养分的要求 谷子对土壤要求不严格,各类土壤均可种植,特别耐旱耐瘠。它适合于中性土壤,耐盐碱性不如高粱、棉花等作物。谷子虽然具有耐瘠的特点,但要获高产,必须满足其对养分的需要。据西北农学院资料介绍,春谷每生产 50 千克籽实约需在土壤中吸收氮 2.4 千克,磷 0.8 千克,钾 2.4 千克;夏谷吸收氮 1.3 千克,磷 0.6 千克,钾 1.2 千克。其需肥规律大致如下:对氮的吸收在苗期需要量较小,仅占全生育期的 3% 左右;拔节后至抽穗前的 20 多天,为第一个吸收高峰,对氮的吸收量可达 1/2～2/3;抽穗期吸收减少;开花后至灌浆期吸收氮素增加,达到需氮的第二个高峰,这个时期约吸总需要量的 20%。对磷的吸收比较均匀,所以磷肥应多用于基肥、种肥而少用于追肥。对钾的吸收,苗期较少,只占 5% 左右,拔节后吸收迅速增多。从拔节至抽穗前的 1 个月内,对钾的吸收量达到其总吸收量的 60%,是谷子对钾吸收的高峰,随后则逐渐减少。

（三）栽培技术

1. 轮作倒茬　谷子不宜重茬，必须合理轮作。谷子的前茬以豆类、油菜最好，玉米、高粱、棉花、小麦、马铃薯等作物也是谷子较好的前作。

2. 整地播种　增施基肥是改良土壤、培肥地力、提高谷子产量的有效措施。农家肥秋施后，经冬、春的腐烂分解，能及时供应养分。从生产水平出发，在一般土壤肥力条件下，每公顷施用质量较好的基肥 22 500～37 500 千克。磷矿粉和过磷酸钙应与农家肥料混合沤制成基肥为好。另外，要根据不同的栽培目的选好良种。以选用谷实和谷草产量均高的品种为好，如内蒙古的毛粮谷即属于粮草兼收品种。以收获干草为目的的，应选分蘖力强、茎秆高大、叶量多的中晚熟品种，如内蒙古的一把箭、甘肃的狼尾巴等品种。谷子的种子较小，在播种前需进行一系列的耕作措施，如灭茬、深耕、耙地、耱地等，使土地平整细碎，以利于播种顺利进行，保证出全苗。播前用药剂拌种，可以防治白发病和黑穗病。播种期：春谷子在地温达 10℃～12℃时播种，夏谷子在春作收获后播种。一般采用条播，行距 40～60 厘米，收谷草的行距缩小到 30 厘米。播种量每公顷 9 千克。播深 3 厘米左右。播后及时镇压。谷子出苗后，2～3 片叶时进行间苗，5 片叶时定苗。每公顷留苗45 万～60 万株。栽培饲用的其密度可增加 20％～25％。

3. 田间管理　水肥施用原则是"前控、中促、后轻"。拔节孕穗期要保持土壤湿润，养分比较充足，注意追肥浇水。旱作应在拔节至抽穗期趁雨追肥。灌浆到成熟阶段的主攻方向是攻籽实，重点是防止叶片早衰，应保持土壤湿润，可喷洒磷肥溶液（20％过磷酸钙，每公顷 1 500～2 250 千克），以促进籽实饱满。谷子整个生育期内,中耕除草大致进行 3～4 次。中耕要求"头遍浅(幼苗期)、二遍深(拔节期)、三遍不伤根(孕穗期)"。同时谷子常发生白发病、黑穗病、蚜虫、黏虫等病虫害,应注意及时防治。谷子成熟后要及时收割,收籽实的在黄熟期收。作为青饲的,抽穗前可开始刈割利用。调制干草的,抽穗期刈割。谷子每公顷产量 1 500～3 000 千克,谷草每公顷产量 1 500～4 500 千克。

(四)营养价值和利用

谷子的营养价值很高,富含蛋白质和胡萝卜素。特别适于饲喂繁殖家畜。其籽实含粗蛋白质 9.2%～14.3%,含粗脂肪 3%～4.6%。色氨酸和蛋氨酸的含量也较高,分别为每 100 克小米含 192 毫克和 297 毫克。如与豆类作物混播,更能提高谷草的产量和品质,是马、牛、羊等家畜的好饲料。此外,谷子的谷实也是制酒的原料,谷糠还可用于榨油。其秸秆是有价值的粗饲料,质地柔软厚实,营养丰富。谷子的营养成分见表 2-7。

表 2-7 谷子的营养成分 (%)

类 别	水 分	粗蛋白质	粗脂肪	粗纤维	无氮浸出物	粗灰分
谷 子	11.0	10.0	1.2	7.2	62.1	8.5
谷 草	10.2	3.8	1.6	31.3	41.4	11.7

八、湖南稷子

湖南稷子又名穄子、稗子。原产于印度西北部。非洲、东南亚地区及印度、日本、朝鲜等国将它作为食用作物或饲料作物栽培。北美地区和澳大利亚等国则作为饲料作物种植。我国有不少变种或生态型,在云南省下关还发现有野生种。在东北、华北、西北和西南等地均有人工种植。宁夏草原站选育出的海子 1 号湖南稷子,已在该区和邻近省、自治区大面积推广种植。

(一)植物学特征

湖南稷子是禾本科稗属一年生植物。

1. 根　须根系,根系发达,根幅范围可达 30~120 厘米,主要分布在表土 30 厘米的土层内。

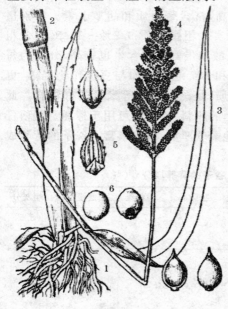

图 2-1　湖南稷子

1. 根　2. 茎　3. 叶　4. 花序
5. 果实　6. 种子

2. 茎　茎直立或基部曲膝而略斜生,高 90~250 厘米,茎粗 0.8~1.5 厘米,具 8~11 节。叶片宽条形,长 20~70 厘米、宽 1.5~3.5 厘米,边缘具细齿或微呈波状。

3. 花　圆锥花序直立,成熟时稍向下弯,长 12~18 厘米。小穗密集排列于穗轴的一侧,单生或簇生,宽卵形,长 0.3~0.4 厘米。

4. 种子　为椭圆形或宽卵形,长约 0.4 厘米,灰色(图 2-1)。千粒重 3.8~4.3 克。

(二)生物学特性

湖南稷子是喜温短日照植物。在云南昆明地区的生育期为 136～158 天,其间需大于 10℃ 的有效积温为 1 410℃;在宁夏黄灌区的生育期为 140～162 天,需大于 10℃ 的有效积温1 455℃。在宁夏南部海拔 1 700 米以上的黄土丘陵及六盘山地区种子不能成熟,只能作为青刈饲用作物栽培。湖南稷子对气候的适应范围广,从云南到西北、华北和东北均可种植。它苗期生长较慢,拔节后生长加快。其分蘖力较强,在栽培条件下,一般分蘖 1～4 个,在稀植水肥条件好的地上,分蘖数可达 10～20 个。分蘖成穗率为 80% 左右。它的再生性较差。据宁夏青铜峡市草原站观测,拔节前刈割,再生草占总产量的 57%;孕穗期刈割,再生草占总产量的 18.9%;抽穗期刈割,基本上收不到再生草。抗倒伏能力强。结实率较低,一般占小穗数的 40%～50%,故秕粒较多。种子发芽的最适温度为 20℃～30℃,尤以 25℃～28℃ 最佳。对土壤要求不严,从南方的红壤、黄壤到北方的灰钙土、黑垆土、黑土、盐碱土等都可栽植。具有喜湿、耐涝、耐盐、耐中等干旱、病少等优点。

(三)栽培技术

1. 轮作、整地、播种　湖南稷子适应性强,旱地、水地、低洼地及盐碱地均可种植。南方红壤、黄壤地要破垡使表土细碎;北方播前整地要以保墒为中心,耙糖镇压结合,使表土上松下实,以利于出苗。不宜连作。可与豆类作物轮作或混种。因其秕粒较多,播前要选种,以提高种子的净度。收种的多为春播,宁夏黄灌区 4 月中旬播种为好。如用做青刈的,春播或夏播均可,但夏播要尽量提早,以免早霜危害而影响产量。青刈栽培的播种量为每公顷 15 千克,收种田以每公顷 7.5 千克为宜。一般采用条播。播前施足基肥。播种行距为:收草田 15～20 厘米,收种田 30～35 厘米。播深 2～3 厘米。旱地播后要镇压保墒。

2. 田间管理 苗期应中耕除草 1 次,收种田于分蘖前间苗定苗。在中等肥水条件下,收草田每公顷留苗 90 万株,收种田每公顷留苗 45 万株为宜。在分蘖、拔节时要结合灌水各追施氮肥 1 次,每次每公顷施尿素 150～225 千克。收种田在孕穗灌浆时应浇 1 次水。

3. 收获 湖南稷子再生力较弱,在抽穗期一次性收割产草量最高,用于青饲者可于孕期齐地面刈割。为了有计划地不断供应青饲料,则可分期分批播种。种子成熟时茎叶仍呈绿色,应于 2/3 以上的穗子转黄时收获为宜。灌浆后要注意防止麻雀等鸟害。

(四)营养价值和利用

湖南稷子是优良的饲料作物,其籽实可食用或作为家畜的精料。茎叶青饲、调制干草和青贮均可,马、牛、羊、兔、鱼等喜食。在肥水条件好的地上种植,每公顷产鲜草可达 40 000～80 000 千克,种子产量 4 000～5 000 千克,为高产草料兼用作物。但在株高 60 厘米之前饲喂绵羊,可导致出现光敏性失调症,羔羊较成年羊更甚,然而这种作用多半是原发性的,持续时间不长。因此,应注意控制饲用时期和用量。海子 1 号湖南稷子的营养成分见表 2-8。

表 2-8　海子 1 号湖南稷子的营养成分　（%）

类 别	水 分	粗蛋白质	粗脂肪	粗纤维	无氮浸出物	粗灰分	钙	磷
鲜 草	26.65	2.23	0.40	8.24	9.63	2.85	0.07	0.04
干 草	6.61	8.92	1.61	32.96	38.52	11.38	0.28	0.14
种 子	10.83	13.15	2.08	9.49	60.09	4.36	0.06	0.34

(五)国内登记品种介绍

1. 朝牧 1 号稗子　审定登记年份:1990 年。品种来源:由辽宁省朝阳市畜牧研究所在 1976 年于辽宁省黑山县白厂门镇三家子村的谷子试验地中发现的特异单株,经改良混合选择而育成。品种特征特性:株高 190~210 厘米,分蘖多(单株分蘖达 25 个以上)。叶片条形,长 60~70 厘米、宽 3 厘米。穗长 20~21 厘米。千粒重 4.2 克。抗病虫害、抗旱、抗倒伏、耐盐碱。生育期约 135 天。每公顷产干草 6 000~7 000 千克,产籽实 4 500~5 000 千克。适应地区:华北、华东及东北、西北无霜期 140 天以上的沿海滩涂、低洼易涝、盐碱地上均可种植。

2. 海子 1 号湖南稷子　审定登记年份:1988 年。品种来源:1964 年在宁夏回族自治区同心县牧草田中,由自治区草原站发现一特异单株,经单株选育而成。品种特征特性:一年生禾草。秆丛生,高 140~250 厘米。叶条形,长 25~65 厘米、宽 1.5~3.5 厘米。圆锥形花序直立,成熟时稍下垂,分枝密集,微作弓形弯曲。小穗密集排列于穗轴的一侧,单生或簇生,宽卵形,长 3~4 毫米;颖具 5 脉,被毛。第一外稃具 7 脉,先端无芒或具小尖头。种子椭圆形,长约 4 毫米,青灰色,微露出第二颖外。千粒重 4 克左右。产草量和产籽实量高,在当地超过苏丹草、龙爪稷和鹅头稗。旱作条件下每公顷产青草 22 500 千克,在灌溉条件下每公顷产青草 65 000~75 000 千克。喜湿、耐涝,能耐中度干旱,耐含盐 0.4%~0.6% 的土壤,病少。缺点是耗费地力,影响后作产量,鸟害严重。适应地区:我国南北方都有种植。在大于或等于 10℃ 有效活动积温 2 850℃ 以上、年降水量 350 毫米以上或有灌溉条件的地区均可种植。可用来改良中度渍水盐碱地。

3. 宁夏无芒稗 审定登记年份:1999 年。品种来源:由宁夏回族自治区牧草种子检验站从本区银北地区野生驯化种中筛选而成。品种特征特性:圆锥花序直立、粗壮,外稃无芒或具极短的芒。花序分枝形成的总状花序不作弓形弯曲,第二颖比谷粒稍长,谷粒不外露。抗逆性强、抗盐碱、耐淹、耐贫瘠。饲料饲草兼用,营养价值高,适口性好。籽实含粗蛋白质 8.7%,粗脂肪 6.24%,赖氨酸 0.25%,淀粉 45.22%;秸秆含粗蛋白质 6.31%,粗脂肪 2.2%,粗灰分 9.3%,无氮浸出物 46.01%,粗纤维 36.18%。每公顷可产干草 9 000~15 000 千克,产籽实 3 750~4 500 千克。适应地区:适于宁夏回族自治区黄灌区种植,现主要在本区银北盐碱地和河滩地种植。

九、珍 珠 粟

珍珠粟又名御谷、玉谷、美洲狼尾草、蜡烛稗、非洲粟等。原产于热带非洲,现在亚洲和非洲广为栽培,用做粮食和饲料。我国广东、广西、江西、河北、内蒙古等省、自治区都有种植,主要作为饲料栽培利用。

(一)植物学特征

珍珠粟为禾本科狼尾草属一年生草本植物。

1. **根**　须根,根系强大。

2. **茎**　茎直立,高 1.2～3 米。

3. **叶**　叶片扁平,长 60～80 厘米、宽 1.3～3 厘米,叶鞘平滑,叶舌不明显,具长纤毛。

4. **花**　圆锥花序,紧密呈柱状,长 20～35 厘米,径粗 2～2.5 厘米。主轴硬直,密被茸毛。小穗长 3.5～4.5 厘米,倒卵形,通常双生成簇,每小穗有 2 朵小花,第一朵花雄性,第二朵花两性。颖不等长,膜质,外稃长 3 毫米,具 5 脉。

5. **果实**　颖果倒卵形,长 3～4 毫米,黄绿色。千粒重 6～8 克,单穗重 27～44 克(图 2-2)。

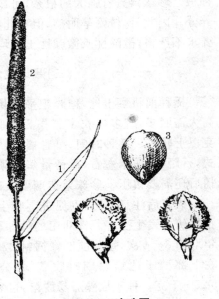

图 2-2　珍珠粟
1. 叶片　2. 穗　3. 种子

(二)生物学特性

珍珠粟喜温暖湿润气候,喜肥,喜水,在大于或等于 10℃积温 3 000℃～3 200℃的温带半湿润半干旱地区均能生长,温热多雨的南方生长尤为繁茂,产量高。珍珠粟不耐低温。温度在 13℃以上时种子发芽;温度低时发芽慢,且容易烂籽。因此,不宜早播。出苗后幼苗期生长缓慢。株高 20 厘米时开始分蘖,分蘖力强,每株可达 10～20 个,之后生长逐渐加快。在江西省南昌地区种植,生育期 122 天。内蒙古自治区呼和浩特地区种植为130～140 天。在无霜期少于 130 天的地区,种子不能成熟,故不宜种植。珍珠粟具有强大的根系,可以广泛吸收土壤中的水分、养分。因此,比较耐旱耐瘠,但在此条件下产量略低。对土壤要求不严格,微酸性及微碱性土壤均能生长。

(三)栽培技术

播种前耕翻土地,耙碎耙平土壤以利于出苗。由于植株高大需肥多,应多施农家肥作为基肥,每公顷施入 30 000 千克以上较好。播种时间,可春播,也可夏播,一般采取条播方式,行距 40 厘米左右,播种量每公顷 15～20 千克,干旱地区播后还需要镇压。珍珠粟苗期要及时除草,保证幼苗顺利生长。拔节后注意追肥,以促进茎叶生长,后期要注意培土,防止倒伏及发生涝害。青刈用的珍珠粟,抽穗期可开始刈割,1年刈割 3～4 次,每公顷产青饲料 37 500 千克。收籽实的,可在下部穗子达蜡熟期时收获,每公顷种子产量为 3 750～5 250 千克。种子成熟后易脱落,也易受鸟害,要及时采收。

(四)营养价值和利用

珍珠粟主要作为饲料利用。抽穗前刈割,其茎叶柔嫩,品质优良,可作为青饲料,牛、羊、兔、鱼等均喜食。也可调制干草和青贮利用。籽实中粗蛋白质含量较高,比玉米几乎高 1倍。因此,它是很好的精料。籽实收获后的秸秆可作为牛、羊、兔的粗饲料。珍珠粟的营养成分见表 2-9。

表 2-9　珍珠粟的营养成分　（%）

类　别	水　分	粗蛋白质	粗脂肪	粗纤维	无氮浸出物	粗灰分
籽　实	0.0	20.6	5.7	1.9	70.0	1.8
茎　叶	0.0	3.2	1.2	44.2	45.8	5.6

(五)国内登记品种介绍

1. 宁牧 26-2 美洲狼尾草　审定登记年份:1989 年。品种来源:江苏省农业科学院土肥所,在从美国引入的 Tift23A(美洲狼尾草)×N51(象草)的三倍体杂交种(F₂)中偶然获得的杂种后代种子,经选育而成。品种特征特性:一年生高大禾草,株型较紧凑,秆直立、丛生,分蘖 12～15 个。株高 320 厘米左右。圆锥花序密集,长 30～33 厘米。每穗含种子2 500～3 000 粒,灰褐色。千粒重 6.5～7 克。生育期约 130天。幼苗顶土力弱,生长缓慢。抗逆性强、抗高温,耐湿、耐旱、耐盐碱,抗倒伏。对氮肥极敏感。茎秆具甜味、多汁,适口性好。为我国长江流域各省 6～9 月份供给草食家畜和鱼类的重要青饲料。在土壤肥沃和高温高湿气候条件下,生长迅速,干物质积累量大,每公顷产鲜草 75 000～120 000 千克,但比杂交狼尾草略低。适应地区:长江中下游流域及其类似气候地区。

2. 宁杂 3 号美洲狼尾草　审定登记年份:1998 年。品种来源:由江苏省农业科学院土肥所,以从美国引进的 Tift23A美洲狼尾草不育系为母本,BiL3B-6 恢复系为父本组配而成的杂交种。品种特征特性:一年生饲粮兼用型禾草。植株高大(约 300 厘米)、繁茂,分蘖多达 10～15 个,秆直立、丛生。主茎有叶 20 多片,长 60～70 厘米、宽 3 厘米,质地柔嫩,品质好,苗期叶片有波纹。穗呈蜡烛状,穗状花序,每穗着生籽实约 3 000 多粒。千粒重 7 克。种子表皮光滑,皮薄,灰色圆粒,似珍珠。生育期间无病虫害,但籽实甜,播种时种子或成熟时的籽实易遭地下害虫和螟虫为害。喜温暖湿润的气候条件,但抵御干旱能力强,不倒伏。可采收鲜草饲喂畜禽和鱼,又可收获籽实作为精饲料,秸秆还可作为粗饲料利用。茎叶产量高,一般每公顷可产鲜草 120 000～135 000 千克。适应地区:长江中下游流域的广大地区。

3. **宁杂 4 号美洲狼尾草** 审定登记年份:2001 年。品种来源:由江苏省农业科学院土肥所采用远缘杂交组配而成,利用杂种优势的 F_1 代。该品种是粮饲兼用型一年生禾草,植株繁茂,株型紧凑,株高约 250 厘米,根系密集发达。单株平均分蘖 12.7 个,成穗茎蘖 4～6 个。茎秆直立、圆形,节间短。叶片多,主茎总叶片约 17 片,披针形,叶长约 67 厘米,质地柔软、光滑。穗状花序,蜡烛状,长 25 厘米。每穗粒数 3 400 粒,千粒重 6 克。在南京地区全生育期 122 天。籽实收获后秸秆仍鲜绿,可用于青贮。该品种喜温暖湿润的气候条件,耐旱,不倒伏,鲜草品质好,粗蛋白质含量高,适于饲喂多种畜禽和养鱼。但因种子有甜味,易遭地下害虫为害,要求播前药剂拌种,或者播后施毒土,防治地下害虫。因种子细小,幼芽顶土能力较弱,要精细整地,播后浅覆土(播深约 1 厘米)。条播、撒播均可,每公顷播种量 10.5～15 千克。最好按 40～50 厘米行距条播,不间苗。青贮利用时,要间苗,每公顷保苗75 000～90 000 株。在长江流域种植,生长期可收割 4～6 次,留茬高度 10～15 厘米,以利于再生。每公顷产鲜草105 000～120 000 千克。如果不割草,每公顷可收籽实4 500～6 000 千克。适应地区:长江中下游流域的广大地区。

十、荞　麦

荞麦又名荞子、甜荞、三角麦。是一种古老的作物,原产于亚洲西南部的湿润山区。我国是仅次于俄罗斯的第二大荞麦种植国。它既是粮食作物又是饲料作物。由于其生育期短、抗逆性强、适应性广,南北方均有种植,常常作为填闲作物和救荒作物,其中以华北、东北和西北地区栽培较多。

(一)植物学特征

荞麦是蓼科荞麦属一年生草本植物。

1. 根　直根系,主根入土较浅,侧根发达。

2. 茎　茎直立,多分枝,有棱、中空、光滑,株高 80～110 厘米,多分枝,茎圆形中空。

3. 叶　叶互生,戟形或三角状心形,下部叶有细长柄,上部叶近无柄。

4. 花　伞形花序,异花授粉,花梗细长,花淡粉红色或白色,每株有花 2 000 朵以上。

4. 果实　为瘦果,内有一粒三棱状卵圆形的种子。千粒重 11～30 克。

(二)生物学特性

荞麦喜冷凉湿润的气候,既不耐寒,也不耐热,生育期 60～90 天。要求积温在 1 000℃～1 200℃。它生长迅速,枝叶繁茂,出苗 10 天左右即开始分枝,茎也不断伸长。荞麦是短日照作物,延长光照则会延缓成熟,使青饲料产量显著提高。由于其根系入土较浅,所以需供给充足的水分。幼苗期至分枝期需水较少,现蕾期至开花期需水量最多。对土壤选择不严,只要气候合适,除盐碱地外,任何土壤都能种植。荞麦也能耐酸,耐瘠薄。

(三)栽培技术

荞麦通常作为填闲补播作物,种于早稻、小麦、亚麻、春菜等早熟作物之后,但前作以豆茬或麦茬为好。它对磷、钾吸收能力较强,应多施腐熟的粪肥,并配合过磷酸钙或硝酸铵等,于播前翻地时施入作为基肥。荞麦一年四季均可播种。青刈荞麦在有 50~60 天生育期的前提下,播种期范围更大。但东北地区不能晚于 8 月中旬,华北要在 8 月底播完,华南 9 月中旬播种,亚热带地区可以冬播。收籽荞麦一般采用条播,行距30 厘米,每公顷播种量 37.5 千克;青刈荞麦可条播也可撒播,每公顷播种量 52.5~60 千克。播种深度 3~4 厘米。当植株 5~6 片叶时,开始中耕除草 2~3 次。密植的青刈荞麦可不必中耕。气候干旱又缺肥时,要追肥浇水。施肥以氮、磷肥为主,盛花期可每隔 7 天根外喷磷肥 1 次,或可用拉绳法进行人工授粉,能显著提高种子产量。

由于其花期较长,成熟期不一致。通常当下部籽实变黑、梢部花朵尚在开放时收获,过晚则易落粒而造成损失。每公顷可产籽实 1 500~2 250 千克,产秸秆 1 500 千克以上。青刈荞麦可在现蕾期到开花期收获,也可根据饲喂需要分期收获。一次性刈割的每公顷产鲜草可达 15 000~22 500 千克。

(四)营养价值和利用

荞麦籽实含淀粉 60%~75%,并富含脂肪、蛋白质、铁、磷、钙等无机盐及维生素 B_1 和维生素 B_2。皮壳占籽粒重的

18％～20％,纤维含量高,其营养价值略低于燕麦,饲喂猪的效果较差。其秸秆和花则可直接用以饲喂牛、羊、马等。青刈荞麦是家畜优良的青饲料,从播种到盛花期只需 30 天,就能在短时间里提供大量的优质青饲料,也可晒干调制成干草,在冬、春缺草时利用。

需要注意的是,荞麦茎叶中含有光敏化物质,长期大量饲喂,动物在日光照射下易引起荞麦疹病,对皮毛为白色的家畜尤为敏感。青饲时最好与其他饲料配合饲用,可避免此病发生。荞麦的营养成分见表 2-10。

表 2-10　荞麦的营养成分 （％）

类　　别	水　分	粗蛋白质	粗脂肪	粗纤维	无氮浸出物	粗灰分
青刈荞麦	11.2	12.61	2.59	17.23	62.95	4.62
籽实粉	11.6	10.60	2.50	1.30	72.20	1.80

第三章　豆类饲料作物

豆类是蛋白质含量较高、营养丰富的一类作物,其蛋白质含量比禾谷类高1~3倍,比薯类高5~15倍,而且是全价蛋白质,含有多种必需氨基酸。无机盐与维生素含量也很丰富。大豆与小麦相比,钙含量高1.5倍,磷含量高7倍,铁和B族维生素均高10倍。豆类是重要的食用和饲料作物,是畜禽的主要蛋白质来源,对种畜、妊娠母畜和幼畜特别重要。豆类在我国分布甚广,种植较多的饲用豆类有大豆、豌豆、蚕豆及绿豆等。

一、大　豆

大豆别名黄豆、黑大豆、黑豆、毛豆、饲料大豆、秣食豆等。通常生产种子用的黄大豆被称为大豆,生产饲草用的青刈大豆主要指秣食豆。大豆原产于我国,已有4 000多年的栽培历史。其他国家种植的大豆都是由我国引去的。20世纪30年代主要集中在亚洲,如中国、印度尼西亚、日本及朝鲜等国种植;20世纪50年代美国、加拿大、巴西、阿根廷等国家大量种植,已成为世界大豆的主要生产和出口国家。我国大豆产量在历史上很长时期内居世界第一位,现已在美国、巴西之后居第三位。大豆在我国分布甚广,各地均有种植,但主要产区在东北松辽平原、三江平原及华北的黄淮海平原,即辽宁、吉林、黑龙江、河北、山东、河南、江苏、安徽等省。大豆是我国重要的食用及饲用作物,它包括黑豆、秣食豆等。本章着重介绍这三种大豆。其中黄豆种植广泛,其籽实为优质精料,幼嫩茎叶为优质青饲料;秣食豆比黄豆的植株更为繁茂,茎叶产量也高,而籽实产量略低,主要作为青饲料用,分布在辽宁、吉林、黑龙江等省;黑豆植株较矮,产量稍低,但耐粗放,耐旱、耐瘠、耐盐碱性较好,主要作为精料用,分布在陕西、山西、河北北部及内蒙古等地。

(一)植物学特征

大豆为豆科大豆属一年生植物。

1. 根　圆锥根系,侧根多,十分发达,入土深达 1 米以上,但大部分根系分布于 50 厘米土层内,根上生有大量根瘤,固氮能力强。

2. 茎　圆形,有直立型、半直立型及蔓生型,分枝多,株高 30~150 厘米。黑豆较矮,黄豆中等,秣食豆植株最高。在其生长后期上部茎蔓生。

3. 叶　叶互生,具细长柄,托叶披针形,小叶 3 片,侧生两小叶为斜卵圆形,顶端小叶为卵形或椭圆形。

4. 花　花较小,紫色,少数为白色。每花序有花 15~30 朵。开花多,结荚率低(每株结荚 30~40 个),脱落率 50%~70%。

5. 荚果　细长,表面有短毛,每荚种子 2~4 粒。

6. 种子　球形、椭圆形或扁形。种皮黄色、褐色或黑色,也有杂色。千粒重 100~130 克。其中黑豆种子较小。

(二)生物学特性

大豆为喜温作物,需要的积温因地区、品种类型而有所不同。黑龙江省的品种需有效积温 2 600℃~2 800℃,北京市品种 3 000℃～3 300℃,南方春大豆品种 2 100℃～2 200℃,夏大豆2 600℃～3 500℃,秋大豆2 200℃～2 300℃。无霜期超过 100 天以上的地区均可种植。大豆适于平均温度19℃～26℃的气候条件下生长。因此,华北多在夏季播种,东北则在春末播种。大豆发芽的最低温度为 6℃～8℃,最适温度为18℃～22℃。春季幼苗抗寒力较强,能忍受－1℃～－3℃低温。成株后不耐低温,开花期遇－3℃低温即被冻死。开花结荚阶段适宜温度为 25℃～28℃,低于 16℃或高于 30℃对开花不利。

大豆是需水量较多的作物,比小麦、玉米多一倍以上,每形成 1 克干物质需水 600～1 000 毫升。它在年降水量 600～700 毫米的地区生长良好,低于 400 毫米的地区则生长不良、产量较低。生育期中不同阶段需水量也不同。苗期较少,一般占总需水量的 12%～15%;分枝期到开花期逐渐增多,结荚期达到高峰,这期间需水量占 60%～70%;成熟期需水量又有下降,占 15%～25%。

大豆对土壤要求不严格,在土壤 pH 值 6～8 之间均可种植,一般以土层深厚、排水良好、酸碱度适中的土壤生长较好。对养分的需要较禾谷类为多。每公顷 3 360 千克产量的大豆,则需要氮 313.5 千克、磷 34.5 千克、钾 102 千克。植株中25%～87%的氮是来自根瘤固氮。各生育期所需养分不同,是与干物质的形成和积累密切相关。苗期较少,开花结荚期由于营养生长与生殖生长并进需养分较多,臌粒期也需较多养分。因此,调节好各种养分供应,促进生长发育即可获得丰产。

大豆是短日照植物,对光照长短非常敏感,而且品种的适应性也较窄。南种北移时,日照长,则延长生育期,茎叶繁茂,开花延迟,甚至种子不能成熟;北种南移时,日照缩短,植株矮小,提前开花结实,往往产量降低。大豆需要充足的阳光,光照不足时,常发生徒长倒伏,落花落荚增多,结荚率降低。

大豆为自花授粉作物,自然杂交率低,一般不超过 3％,可选择优良单株进行繁殖,再经过不断选种,即可形成一个新的优良品种。

(三)栽培技术

1. 轮作、播种 大豆具有根瘤可以固氮,增加土壤养分及有机质。因此,被认为是优良的前茬作物,多种在禾谷类之前或与禾谷类倒茬轮作。大豆不宜连作,连作会使病虫害大量发生并且减产。大豆要求深耕松土,并施入大量农家肥作为基肥(每公顷应在 30 000 千克以上)。播种时期,多春播或夏播,华南还有秋播的。秣食豆主要分布在东北地区,多春播,青刈利用的生育期短,可以适当晚播。播种量,收籽实的每公顷 45～75 千克,青刈利用的每公顷 75～90 千克。多采取条播,行距 50～70 厘米,覆土深度 3～4 厘米。播种方式可以单播,也常与玉米、甜菜、胡萝卜等间种。秣食豆还常与大麦、苏丹草、谷子、燕麦等混播青刈利用,从而提高青饲料的产量和质量。播种大豆时,最好用根瘤菌拌种,特别是初次种大豆的地块更需要接种,接种可使其根上形成大量根瘤 ,因而丰富土壤中的氮肥,提高大豆产量及蛋白质含量。

2. 田间管理 幼苗期中耕特别重要,可以消灭杂草,疏松表土,增强植物的吸收能力,保证幼苗的顺利生长,并且起到保墒的作用。大豆生长后期,在雨水多的地方,中耕应与培土结合进行,以防止倒伏,避免根部积水,中耕次数一般为3～5 次。除施用基肥外,还需要追肥。如土壤肥沃,其中又遗留有根瘤菌时,可少施氮肥,而以磷、钾肥为主。磷肥增产效果显著,还可提高根瘤固氮的作用,增加土壤中的氮素含量。常见的病害有霜霉病、灰斑病、炭疽病等,虫害有蚜虫、食心虫、豆芫青等,应注意防治。

3. 收获　收获时期因利用目的不同而异。收籽实的要在叶片变黄、大部分脱落,茎秆枯黄时收获,脱粒晾干保存,每公顷产籽实约 1 500 千克。收籽实后的豆秸、豆叶、豆壳等也是好饲料,应一并收藏。制作青饲料的以开花期刈割较好,质量好产量也高,每公顷可产青饲料 30 000～45 000 千克。调制干草的可在开花到臌粒时刈割晒干贮存。青绿茎叶及豆秸也可与玉米秸混合制成青贮料。

(四)栽培品种

我国大豆品种很多,有地方农家种,也有人工选取育出的品种,各有不同特点,可根据需要加以选择。如果主要目的是既收籽实作为精料又要秸秆等副产品作为粗饲料的,则可选择植株较高、茎叶繁茂、籽实产量也高的大豆品种为好,如铁丰3号、徐豆5号等。如果主要目的是制作青饲料的则应选用秣食豆。秣食豆适于青饲用,其青饲料的产量与质量均超过大豆。相同条件下,秣食豆籽实产量低于大豆,但其青草产量比普通大豆高 30.7%,粗蛋白质含量提高 10.6%,粗纤维含量减少 15.7%。生产上利用的地方品种有辽阳秣食豆、吉林秣食豆,以及人工选取育成的公农 535 秣食豆等。

(五)营养价值和利用

黄豆、秣食豆、黑豆的营养价值较高,是优良蛋白质饲料。

籽实中粗蛋白质含量在 35％～40％,脂肪含量也高,而且氨基酸的种类齐全、含量高。如赖氨酸高于稻米、小麦、玉米 7～9 倍,色氨酸高 3～7 倍,无机盐类如钙、磷、铁、镁、钾以及维生素等都很丰富。因此,是畜禽的优良精饲料。加工后的饼粕、豆渣等仍含有较多的粗蛋白质,也是良好的精料。收籽实后的豆秸、豆叶、豆壳等是优良的粗饲料,多用来饲喂马、牛、羊、兔等,也可粉碎饲喂猪。上述三种豆类的利用略有不同,黄豆与黑豆多利用籽实及其副产品,秣食豆则多青刈利用。秣食豆与黄豆相比,茎叶柔嫩,粗纤维较少,青饲较好,而籽实中含蛋白质多、脂肪较少,适于饲喂猪。大豆的营养价值较高,其主要品种,如秣食豆、大豆及黑豆的营养成分见表 3-1。

表 3-1　秣食豆、大豆、黑豆的营养成分　（％）

类　别	水　分	粗蛋白质	粗脂肪	粗纤维	无氮浸出物	粗灰分
秣食豆	13.7	36.2	16.1	3.8	26.2	4.0
大　豆	14.0	35.1	17.6	3.7	25.8	3.8
黑　豆	8.4	36.2	16.4	4.8	30.1	4.1
青刈秣食豆	76.4	4.1	1.0	6.3	9.8	2.4
秣食豆	13.5	13.8	2.4	28.8	34.0	7.6

（六）国内登记品种介绍

公农 535 茶秣食豆　审定登记年份:1989 年。品种来源:由吉林省农业科学院畜牧分院在 20 世纪 50 年代于吉林省西部地区收集了散落的种子,结合繁殖进行了去劣去杂而成。品种特征特性:形态与大豆相同,直根系,根为轴根型。生长初期茎直立、后期茎蔓生,枝叶繁茂,株高达 100～160 厘米。无限花序,紫色花,自花授粉。荚熟后呈黄褐色,每荚有 2～3 粒种子。种子扁椭圆形,粒小,百粒重 9～15 克。生育期 130～140 天,最适生长温度为 18℃～22℃。自花授粉植物。耐旱、耐阴性较强,耐盐碱、耐涝。对土壤要求不严,沙土、黏壤土均可栽培。在低洼地生长良好。耐刈及耐践踏性稍差。茎叶干物质中含粗蛋白质 14.75%,粗脂肪 6.16%,粗纤维 33.52%,无氮浸出物 40.25%,粗灰分 5.32%。籽实干物质中含粗蛋白质 40.88%,粗纤维 6.2%。每公顷产鲜草 39 000～45 000 千克,产籽实 3 000 千克。适应地区:在吉林、辽宁、黑龙江、内蒙古、河北等省、自治区均可种植。

二、豌 豆

豌豆又名麦豌豆、寒豆、麦豆。豌豆起源于亚洲西部、地中海地区、埃塞俄比亚、小亚细亚西部、外高加索。它是我国主要豆类作物之一,总产量仅次于大豆和蚕豆,位居第三。豌豆除作食用外,还是畜禽的蛋白质饲料。长期以来,各地群众都有利用豌豆饲喂畜禽的习惯。豌豆的主要产区为四川、河南、湖北、江苏、云南、陕西、山西、西藏、青海、新疆等 10 个省、自治区。种植面积约 130 万公顷。

(一)植物学特征

豌豆为一年生或越年生草本植物。在我国华北、西北、东北地区多为春播夏收,青藏高原为春播秋收一年生作物。在长江以南地区多为冬播春收或夏收越年生作物。

1. 根 为直根系,主根较发达,侧根细长、分枝多,主要分布在地表 20 厘米的土层中。根上着生根瘤,有固氮作用。每公顷豌豆可从大气中固定游离氮素 78.75 千克,相当 225 千克尿素。

2. 茎 为圆形,中空而脆,表面被有白色蜡粉。茎的高矮因品种不同有较大差异。矮生型株高 30～60 厘米,高茎型株高 150 厘米以上。茎又分为直立型、蔓生型和攀缘型。茎基部节间短,茎部中间的节常有分枝。

3. 叶 为偶数羽状复叶,互生。复叶由 1～3 对卵形或椭圆形小叶组成,小叶全缘或下部稍有锯齿。顶端小叶退化变为羽状分枝卷须,可攀缘。复叶基部着生两片大托叶,包围茎。托叶的下部边缘有锯齿。

4. 花 着生于由叶腋长出的花轴上,为总状花序。每一花轴一般着生 1～2 朵花。花为白色、紫色或紫红色。花萼钟状,花冠蝶形。第一朵花着生部位高低不一,低的在第七至第十节处,高的在第十五节以上。豌豆开花顺序自下而上,先主茎后分枝。早期开的花成荚率高,后期顶端开的花常成秕荚或脱落。豌豆为自花授粉作物,但在干旱和炎热的气候条件下偶尔也能发生杂交。

5. 荚果 为圆筒形或扁圆筒形,侧面多呈剑形、马刀形或念珠形。荚果长 5～10 厘米,宽 1～1.5 厘米。每荚果内含有种子 2～10 粒。荚壳有软、硬两种。软荚豌豆荚壳内无革质膜,荚柔软可食,成熟时荚果不开裂;硬荚豌豆荚壳内有羊皮纸状的厚膜组织,成熟时因厚膜组织干燥收缩使荚果开裂,荚不能食用。

6. 种子 形状有球形、椭圆形、扁圆形或圆形有棱。有的光滑,有的皱缩或具皱纹、皱点。种子颜色有白色、黄色、绿色、褐色及褐色带黑斑等。种子大小因品种而不同,小粒型千粒重 150～180 克,大粒型千粒重 300 克以上。

(二)生物学特性

豌豆属长日照作物,延长光照能提早开花,缩短光照则延迟开花。南种北移会加速成熟。豌豆对温度的适应范围较广,但更喜凉爽湿润的气候,抗寒能力强。种子在 1℃～2℃时即能发芽,8℃～15℃时发芽较快、出苗整齐。幼苗耐寒,可忍耐短期－5℃低温。生长期内最适温度 15℃左右,开花期适宜温度为 18℃,结实期需 18℃～20℃。若遇高温会加速种子成熟,使产量和品质降低。在生育期中气温在 10℃～20℃之间保持时间长,则分枝多,开花多,质量高。所以,在春播地区应适期早播。豌豆种子发芽时吸水量为种子重的 100%～110%,苗期对水分需要较少。自现蕾开花至结荚臌粒期需水分较多。若遇高温干旱,花蕾脱落多,并影响结荚臌粒。籽实成熟期如遇多雨天气,则延迟成熟并减产。豌豆对土壤的适应能力较强,较耐瘠薄,而且各种土壤都可栽培,但以有机质多,并富含磷、钾、钙的壤土为好,适宜的 pH 值为 5～7。豌豆种子的寿命较长,贮存 4 年发芽率仍可达 80%以上。在良好的贮藏条件下可以保持 8～10 年。

(三)栽培技术

1. 轮作、整地、播种　豌豆应轮作,忌连作。连作籽实变小,产量降低,品质下降,病虫害加剧。豌豆适合与禾谷类或中耕作物轮作。北方春播区应在入冬前翻地,施足农家肥料,注意增施磷、钾肥作为基肥。入冬前浇足冻水。南方雨水较多的地区应开沟做畦。

北方多春播,播种期 3～4 月份;南方冬播,播种期为 11～12 月份。种植密度应根据土壤肥力和品种特性而定。一般肥地、高茎或分枝多的品种宜稍稀;瘦地和矮生品种宜稍密。每公顷播种量150～225千克。条播行距20～40厘米,覆土3～5厘米。播前晒种1～2天,有利于出苗整齐。豌豆除单播外,也可与麦类作物间、混种,以提高单位面积产量。混播的比例,因地制宜,以麦类为主时,麦类的播量比单播略少,每公顷播豌豆90千克左右。以豌豆为主时,豌豆的播量略比单播时少,每公顷增播小麦37.5千克以上。豌豆青刈利用时,可选植株高大、茎叶繁茂的品种,也可与燕麦混播,每公顷可用豌豆120～150千克、燕麦60千克。为了充分利用土地和水热资源,在棉花、玉米等作物行间可套种生育期短的早熟豌豆。此外,也可在瓜地和幼龄果园内套种。

2. 田间管理 生长期间加强田间管理十分重要,水肥供应良好时,结荚多,籽实饱满,产量高。如发现地瘦苗黄应及时追施氮肥,每公顷施尿素75千克,施后立即灌水,然后松土保墒。但氮肥不宜施得过多、过晚,以免茎叶徒长而荚果不饱满。开花结荚期喷施磷肥,特别是喷施硼、锰、钼等微量元素肥料,增产效果显著。开花结荚期需水较多,应适时浇水,一般每隔10天浇1次。多雨地区应注意排水。从苗期至封行前应锄草2～3次,以利于豌豆生长。

3. 防治病虫害 豌豆主要病害有白粉病、褐斑病。白粉病的防治方法是在发病初期用50%托布津可湿性粉剂800～1000倍液喷雾,每隔7～10天喷1次。褐斑病是在开始发病时喷洒波尔多液(硫酸铜1:生石灰2:水200),隔10～15天喷1次。主要虫害有潜叶蝇和豌豆象。潜叶蝇应从苗期开始防治,喷40%氧化乐果1600倍液,每隔7天喷1次。豌豆象的防治方法是在种子收获后及时用磷化铝熏蒸,每立方米用药12克,密闭熏3天,然后打开散气,夏季气温高时熏蒸效果好。

4. 收获 当茎叶和荚果变黄后,应立即收获。宜在早晨露水未干时收运,以防炸荚落粒,上场后及时晾晒脱粒。晒干后装袋贮存。麦类与豌豆混播时,收籽实可在两者均成熟时混收,混合脱粒;青刈利用的应在豌豆开花结荚期、麦类抽穗开花期收割,这时期的干物质和粗蛋白质量均较高。豌豆籽实产量,一般每公顷为 1 500～2 250 千克,高者达 3 000 千克以上。青刈豌豆秧每公顷产量 15 000～30 000 千克。

(四)营养价值和利用

豌豆为营养价值较高的饲料作物。籽实粗蛋白质含量为22%～24%,比禾谷类高 1～2 倍,不仅含量高,质量也好,尤以赖氨酸含量较高,氨基酸的组成优于小麦。此外,富含硫胺素、核黄素、尼克酸及钙、铁、磷、锌等多种无机盐,是家畜的优良精饲料,被广泛地用做猪、鸡、鹌鹑等的蛋白质补充饲料。据中国农业科学院畜牧研究所饲养试验表明,对生长肥育猪在补加蛋氨酸的情况下,日粮中用 30% 的干豌豆可代替日粮中 13% 的豆饼或 6% 的鱼粉;在肉鸡日粮中添加 15%～20%的干豌豆,可代替日粮中 1/2 的豆饼,鸡的生长速度、饲料报酬与正常肉鸡饲养效果相似。豌豆中胰蛋白酶抑制剂、脂类氧化酶和脲酶的活性低于大豆,因而消化率较高,而且脂肪和抗营养因子含量低,一般认为也可以生饲。豌豆秸秆和荚壳含有 6%～11% 的粗蛋白质,质地较软,易于消化,是家畜优良粗饲料,饲喂马、牛、羊、兔均可,还可以饲喂鱼。豌豆的新鲜茎叶也为各种家畜所喜食。可以青饲、青贮、晒制干草或干草粉,为生产上广泛利用的一种饲料作物。豌豆的营养成分见表 3-2。

表 3-2　豌豆的营养成分　（%）

类　别	水　分	粗蛋白质	粗脂肪	粗纤维	无氮浸出物	粗灰分	钙	磷
籽　实	10.09	21.20	0.81	6.42	59.00	2.48	0.22	0.39
秸　秆	10.88	11.48	3.74	31.52	32.33	10.04	—	—
秕　壳	7.31	6.63	2.15	36.70	28.18	19.03	1.82	0.37
青刈豆秧	79.20	1.40	0.50	5.80	11.60	1.50	0.20	0.04

（五）国内登记品种介绍

1. 察北豌豆　审定登记年份：1989 年。品种来源：1870年由山西、山东、河北省南部的移民将豌豆带入河北省北部种植，成为当地的地方品种。该品种由河北省张家口市草原畜牧研究所多年评价鉴定整理申报。品种特征特性：植株为斜生型，主根较发达，侧根多分枝，株高 95～98 厘米。茎四棱形，中空。叶为偶数羽状复叶，对生或互生，呈卵形或椭圆形。花由叶腋中生出，总状花序，花冠红色（旗瓣粉红色、翼瓣紫红色）。荚果淡黄色，双荚多，每荚 4～6 粒种子。种子球形或扁圆形，表面褐色并间有绛色花纹或斑点。种脐黑褐色。千粒重 193～200 克。早熟，生育期 70 天左右。抗旱，耐寒、耐瘠薄，幼苗能耐－6.3℃的短期低温。初花期全株干物质中含粗蛋白质 20.21%，粗脂肪 3.97%，粗纤维 14.95%，无氮浸出物 50.01%，粗灰分 10.86%。种子干物质中含粗蛋白质 24.66%，粗脂肪 2.25%，粗纤维 8.07%，无氮浸出物 62.05%，粗灰分 2.97%。每公顷产干草 4 500～4 950 千克。结实性好，产籽量高（每公顷产籽粒 3 450～3 900 千克）。适应地区：河北省北部、山西省雁北地区、内蒙古大部分地区。

2. 中豌 4 号　审定登记年份：1988 年。品种来源：由中国农业科学院畜牧研究所用有性杂交方法选育而成。品种特征特性:株高 55 厘米左右,茎叶浅绿色,白花。硬荚种。单株荚果 6～10 个。冬播有分枝的单株荚果一般达 10～20 个,高的可达 42 个。荚长 7～8 厘米,荚宽 1.2 厘米。单荚粒数 6～7 个。成熟的籽实黄白色,椭圆形,光滑。千粒重 220 克左右。种皮较薄,品质中上。生育期(出苗至成熟)春播地区 65～75 天,冬播地区 90～110 天。以幼苗越冬的为 150 天,较本地豌豆早熟 7～20 天。该品种综合性状好,适应性强,抗寒、耐旱、耐瘠,易抓全苗,高产稳产,并适于间、套种。每公顷产干豌豆 2 250～3 000 千克,高的达 3 375 千克以上。每公顷产青豌豆荚 9 000～12 000 千克。摘青荚后的青豌豆秧每公顷产量 9 000～10 500 千克,可作为饲料和绿肥。适应地区:适宜北京、河北、河南、山西、陕西、湖北、湖南、安徽、浙江、山东、广东、广西、四川、青海、内蒙古、辽宁、新疆、西藏等省、自治区种植。

3. 中豌 8 号　品种来源:由中国农业科学院畜牧研究所用有性杂交方法选育而成。品种特征特性:株高 50 厘米左右,茎叶浅绿色,白花。硬荚种。单株荚果 7～11 个,多的达 15 个以上。荚长 6～8 厘米、荚宽 1.2 厘米,单荚粒数 5～7 个。成熟的籽实黄白色、圆形、光滑。千粒重 180 克左右。生育期(出苗至成熟)在北京为 70 天左右。一般 3 月上旬播种,3 月底出苗,5 月初开花,6 月 10 日前后成熟,较本地豌豆早熟 7～15 天。每公顷产干豌豆 2 550～2 700 千克,产青豌豆荚 9 000 千克左右,比老品种 2258 小豌豆增产 20%～40%。摘荚后每公顷产青豌豆秧约 9 000 千克,可用做饲料和绿肥。该品种抗寒和抗旱性较强。在北方春播地区适宜早播,在春旱情况下因籽实小较易抓全苗。较适于在寒冷干旱地区种植。

4. 品跃 2 号　品种来源:中国农业科学院品质资源所 1978 年从捷克引进的推广品种。品种特征特性:株高 60～70 厘米,白花,硬荚。单株荚果 20～25 个,荚果长 6～7 厘米,单荚粒数 4～5 个,成熟的籽实白色、圆形、光滑,千粒重 250 克左右。在北京地区生育期 90 天左右,每公顷产干豌豆 3 000 千克左右,产青豌豆荚 12 000 千克左右。适应地区:华北、西北地区。

5. 团结豌豆 2 号　品种来源:四川省农业科学院经有性杂交选育而成。品种特征特性:株高 100 厘米左右,白花,硬荚。单株荚果 5～6 个,多数 10 个以上,双荚率高。四川省在 10 月下旬播种,翌年 5 月初成熟,生育期 187 天。耐旱、耐瘠性好,较耐菌核病,适应性广。成熟的籽实白色、圆形、光滑,千粒重 160 克左右。每公顷产干豌豆 1 875 千克左右。适应地区:适宜于四川、福建、湖北、云南、贵州等地。

6. 草原 7 号　品种来源:由青海省农林科学院经有性杂交选育而成。品种特征特性:株高 50～70 厘米,直立,茎节短,分枝较少。叶色深绿,白花,硬荚。单株荚果 7～8 个,单荚粒数 5～7 个。成熟的籽实浅黄色,圆形,光滑。千粒重 190～230 克。北方春播生育期 90～100 天,为中早熟品种;南方冬播生育期 150～160 天;反季节栽培生育期 80～90 天。该品种株型紧凑,抗倒伏,耐根腐病,轻感白粉病,适应性广。每公顷产干豌豆 3 750 千克左右。适应地区:适宜于西北、西南、华南等地区。

三、蚕　豆

蚕豆又名胡豆、佛豆、寒豆、罗汉豆、川豆、大豌豆、马料豆等。是最古老的食用作物。原产于伊朗、北非一带,后引入欧洲、非洲等地。引入我国栽培已有2 000多年的历史,分布也很广,南北都有种植。在南方是冬季的主要栽培作物,以四川、云南、浙江、江苏、安徽、湖南、湖北等省种植较多。在北方为高海拔地区一年一熟制中栽培的主要豆类作物,以甘肃、青海、新疆、宁夏、内蒙古等地及山西省、河北省北部种植较多。全国种植面积约130多万公顷。蚕豆是食用作物,作为粮食和蔬菜利用,也是饲料作物,籽实作为精料,蚕豆秸及荚壳作为粗饲料。

(一)植物学特征

蚕豆为亚科野豌豆属一年生或越年生草本植物。

1. 根 为圆锥根系,主根粗壮,入土深可达100～120厘米,主根上有大量侧根。根系大部分集中于30厘米土层内。根上着生根瘤,根瘤较大、呈粉红色。根瘤的固氮量为每公顷200千克。

2. 茎 直立、呈四棱形,表面光滑无毛,有纵条纹,中空。株高30～150厘米。茎淡绿色,基部分枝2～3个。

3. 叶 互生,为偶数羽状复叶,由2～8片小叶组成。小叶肥厚,长5～6厘米、宽2.5～4厘米,呈椭圆形或倒卵形,全缘、无毛,基部楔形。复叶顶端小叶常退化为短刺状,托叶三角形、具裂齿。

4. 花 为短总状花序,着生于叶腋间的花梗上。每簇有花2～9朵,蝶形花冠,花柄极短,花色有紫有白。蚕豆每簇花数虽然多,但落花甚多。

5. 荚果 结荚率仅10%～20%。荚果扁平,呈筒形,被茸毛。荚长6～10厘米,每荚含种子2～4粒。

6. 种子 扁平椭圆形至近于圆形、微有凹凸,基部有黑色或灰白色种脐。种子大小因品种不同差异很大,千粒重一般 600~1 200 克。

(二)生物学特性

蚕豆是喜光的长日照植物,喜凉爽湿润气候,不耐热。幼苗能忍受-1℃~-4℃的低温。种子发芽最低温度为 3℃~4℃,茎叶生长期适宜温度为 14℃~16℃。开花结荚期适宜温度为 15℃~22℃,超过 26℃时落花严重。花、蕾及幼荚期遇-2℃以下低温即受冻害。

蚕豆需水较多,既不耐旱又不耐涝。种子必须吸足自身重量 110%~120%的水分才能发芽。由于籽实大、种皮厚、吸水较慢,因此出苗所需时间较长,一般为 12~14 天。开花结荚期更需要充足的水分供应,如受旱则严重影响产量;受涝,根系生长不良,容易发生立枯病和锈病,根瘤菌的活动也会受到抑制。

蚕豆适合于土层深厚、富含有机质、排水良好、较肥沃的黏质壤土。适宜于土壤的 pH 值为 6.2~8。蚕豆是常异花授粉作物,一般自然异交率为 30%。蚕豆开花较其他冬作物早,花期较长,花味芳香,是一种良好的蜜源植物。蚕豆种子生命力较强,发芽力可保持 2~3 年,最长可达 6~7 年。

(三)栽培技术

1. 轮作、整地、播种 蚕豆最忌重茬连作,应与禾谷类或中耕作物轮作。我国各地盛行蚕豆与小麦、大麦、油菜、马铃薯等作物间作和套种,也可在果园、桑园和茶园的隙地间种。蚕豆地要深耕细耙,使耕作层疏松便于根系生长。南方水田种植时要开沟做畦,以利于排水。蚕豆的适宜播期,北方春播区多在 3～4 月份,南方秋播区多在 10～11 月份。春蚕豆每公顷播种量 300～375 千克,冬蚕豆每公顷播种量 135～225 千克,因种子大小不同而有差异。间、套种的播量酌减。采用条播或点播,条播的行距 50 厘米左右,点播的行距 40～50 厘米,穴距 30～35 厘米,每穴播 2～3 粒种子,覆土厚 5 厘米左右。

2. 田间管理　蚕豆施肥应掌握"重施基肥,增施磷肥,看苗施氮,分次追肥"的原则。以农家肥料作为基肥时,可掺入适量磷肥和草木灰,除大部分翻入土壤外,也可留小部分作为盖种肥。生长前期视苗情轻施氮肥,每公顷施硫酸铵 45～60 千克,以促进分枝。但要重施花荚肥,在开花期每公顷施尿素 75～150 千克、过磷酸钙 150～225 千克。在现蕾、开花期喷施 0.05％硼砂水溶液,也有明显的增产效果。当株高 10～12 厘米时中耕,以后根据情况再耕 1～2 次。以生产籽实为目的时,及时摘心可以提高产量。蚕豆荚果成熟不一致,所以适时收获才能丰产。当植株中下部分荚果干枯变黑时即可收获。因其落粒性较强,必须及时抢收。北方地区多在 7～8 月份收割。脱粒后的籽实要晒干到含水量 15％以下时方可贮存。如作为青饲料生产利用,应在盛花至荚果形成期刈割,此时茎叶繁茂,干物质产量较高。

3. 防治病虫害　蚕豆主要病害有枯萎病、锈病等。枯萎病的防治方法是轮作倒茬,注意田园清洁,防止土壤过干或过湿等。锈病防治方法是在发病初期喷 65％代森锌可湿性粉剂 500 倍液,敌锈钠 300 倍液,1∶2∶200 波尔多液。主要虫害有蚕豆蚜虫、蚕豆象。防治蚕豆蚜可用 40％乐果乳剂 2 000 倍液。蚕豆象的防治主要是熏蒸,与豌豆象相同。

(四)栽培品种

蚕豆种植地区广泛,地方品种较多。冬蚕豆有浙江省平湖的牛踏扁,杭州的三月黄,江苏省太仓的毛板青,四川省简阳的二白胡豆,云南省昆明的白皮豆等;春蚕豆有青海省的马牙,甘肃省的临夏马牙、政尕蚕豆等。人工选育出来的品种有成胡 10 号冬蚕豆品种,茎秆粗壮长势旺,是粮饲兼用的中粒型高产品种。青海 3 号春蚕豆品种,具有高产、优质、粒大、分枝性强、结荚部位低、不易裂荚等优点。另外,还有一种从原苏联引进的饲用蚕豆,是一个耐寒性强、产量高的春播品种,在内蒙古自治区锡盟地区种植生育期 130 天,青海省西宁市种植其生育期为 110～130 天。该品种植株高大(可达 130～180 厘米),分枝性强,结荚多(每株 15～25 个),双荚与三荚率高达 40%。种子比普通蚕豆小 1/2 左右,千粒重 500 克。种皮颜色有黄白色和紫色两种。种子产量每公顷 3 000 千克,青刈鲜茎叶产量 45 000～75 000 千克。

(五)营养价值和利用

蚕豆的籽实富含淀粉和蛋白质,其含粗蛋白质 25%～30%。不仅蛋白质含量高,而且蛋白质中氨基酸种类齐全,除色氨酸稍低外,其余含量都高,尤其是赖氨酸含量丰富,所以蚕豆为优质饲料,常作为配合饲料或混合饲料中蛋白质的来源。在蚕豆产区有的以籽实饲喂马,有的磨碎饲喂猪,有的青刈饲喂奶牛,也可以饲喂鱼,或制作青贮饲料。蚕豆秸秆、荚壳和叶中含粗蛋白质达 6%～17.6%,亦可制成颗粒饲料饲喂牛、羊、兔等。蚕豆营养丰富,是畜禽常用的主要精料,幼嫩茎叶是优质青饲料,秸秆荚壳是良好的粗饲料。同时,蚕豆籽实也可以作为粮食,可制作豆腐、粉条、豆酱、酱油及各类糕点。其食品工业的副产品如粉渣、粉浆也是上好的饲料。未成熟的青蚕豆富含维生素,是优良的新鲜蔬菜。蚕豆的营养成分见表3-3。

表3-3　蚕豆的营养成分　(%)

类　别	水　分	粗蛋白质	粗脂肪	粗纤维	无氮浸出物	粗灰分
籽　实	13.00	28.20	0.80	6.70	48.60	2.70
秸　秆	8.29	8.32	1.65	40.71	33.11	7.29
青刈豆秧	87.30	3.04	0.41	2.70	5.12	1.43

四、绿　豆

我国是绿豆的原产地之一,已有2 000多年的栽培历史。绿豆是温带、亚热带广泛种植的豆类,在世界范围内以亚洲栽培最多,其中中国、印度、泰国、菲律宾等国家栽培最广泛。非洲、欧洲及美洲也有少量栽培。在我国从南到北,从东到西都有分布,主要产区集中在黄河流域及淮河流域的平原地区,而以河南、山东、山西、陕西、安徽、四川等省最多。绿豆是主要的食用作物,也是优良的饲料作物。

(一)植物学特征

绿豆为豆科菜豆属一年生草本植物。

1.根　直根系,主根不发达,侧根多而细长,根上着生根瘤。

2.茎　植株高度为45～120厘米,根据株型可以分为直立型、半蔓生型和蔓生型三种。普通栽培的绿豆主要是直立型,茎秆直立,被有淡褐色长硬毛,分枝多。

3. 叶 为三出复叶,叶柄长,叶片呈肾脏形或阔卵形,全缘,有深裂或浅裂。

4. 花 为总状花序,腋生,花小,每花序 10～25 朵花,一般只有 3～4 朵结荚,花金黄色或绿黄色,雄蕊 10 枚,有 1 枚单生,为两体雄蕊。

5. 荚果 线形,长 6～10 厘米,内含种子 6～15 粒。

6. 种子 绿色,圆柱形或短矩形,千粒重 30～40 克。

(二)生物学特性

绿豆喜温暖湿润气候,适应范围较广,从温带到热带均可种植。在 8℃～12℃ 时开始发芽,生长的适宜温度为 25℃～30℃,温度过高时对开花结荚不利,或落花落荚严重。生育后期怕霜,气温降到 0℃ 时即会冻死。绿豆需要大于或等于 10℃ 的有效积温:早熟品种为 1 600℃～1 800℃,中熟品种为 1 800℃～2 200℃,晚熟品种为 2 300℃～2 400℃。

绿豆耐旱性较好。农谚中有"旱绿豆,涝小豆"的说法。但生育期间仍需要适宜的水分。苗期需水较少;开花期前后需水较多,如此时遇到干旱,容易造成大量落花落荚,使产量降低。绿豆不耐涝,发生涝害时易倒伏或死亡,造成减产。对土壤要求不严格,轻度盐碱地及酸性土壤都能生长但产量不高,而以疏松肥沃的中性土壤生长最好。绿豆是喜光的短日照作物,但大多数品种对日照长短反应不十分敏感。因此,南方有些地方 1 年可以种两季或两季以上。

绿豆为自花授粉作物,授粉后 24～36 小时就完成受精,花朵开放前,花粉就落在柱头上完成授粉,天然杂交率很低,在气候干燥的情况下,花朵可能提前开放,从而增加异花授粉率。绿豆陆续开花,开花期长,成熟期不一致,应选择适宜的收获期。绿豆生育期为 60～110 天。夏播的生育期较短,从出苗到开花的天数:早熟类型为 30～35 天,中熟类型 40 天左右,晚熟类型 50 天以上。

(三)栽培技术

1. 整地、播种　绿豆出苗时因子叶大顶土力弱,播种前应深耕细耙,整平土地,以保证苗齐苗壮。播种期有春播、夏播两种。春播为 4 月底至 5 月初;夏播则在小麦收获后或在小麦收获前套种,还有与玉米、高粱间种的。间、套作有利于合理利用空间和土地,争取农时季节。绿豆植株矮,根系浅,消耗地力轻,又有根瘤固氮。因此,是一种很好的种植方式,群众中采用较多。单条播时的播种量每公顷 22.5～30 千克,撒播时可适当加大播种量。播种深度 4～7 厘米,条播时行距约 30 厘米、株距 12～15 厘米。

2. 田间管理　主要是间苗、除草及施肥三项工作。间苗应在绿豆三叶期进行,将多余的幼苗去掉,保留适当的苗数及壮苗,以利于通风透光,并使植株生长旺盛,分枝多,开花多,落荚少,籽实饱满。夏季杂草多,要及时除草,一般需除草 3～4 次。雨水多的地方还要注意培土和排水。绿豆因生育期短,要早施肥,重施基肥,生育后期要追施磷、钾肥,以提高结荚率,促使籽实饱满,获得丰产。

3. 收获　绿豆成熟期不一致,而且成熟后的荚果容易开裂。因此,应分批收获,随熟随收。如果一次收获,应在 70%荚果变褐色时进行。收获后立即脱粒、晒干、贮藏,每公顷籽实产量为 750～1 050 千克。绿豆种子寿命较长,发芽率可保持 6 年以上。其主要害虫是绿豆象,不仅为害田间生长的豆粒,也能为害贮藏的干豆粒。绿豆象钻入豆粒中使之蛀成空壳,失去利用价值。因此,收获后的绿豆应用药剂熏蒸,杀死绿豆象。熏蒸方法同豌豆。

(四)栽培品种

绿豆的农家种较多,如安徽省的明光绿豆,河北省的张家口绿豆、高阳小绿豆,山东省的安丘柳条青,河南省的邓县大毛里光等。人工选育出来的良种有中绿 1 号、中绿 2 号、明绿245、鄂绿一号、辽绿 25 及黄荚 18 粒等。另外,还有一种引进的印度尼西亚大绿豆,在广东、广西、四川等地种植表现良好,株高 80～100 厘米,茎叶繁茂,产量高,每公顷籽实产量825～900 千克,可作为精料。栽培用做青饲料时每公顷的产量为45 000～60 000 千克,适宜长江以南地区种植。

(五)营养价值和利用

绿豆可作为精料利用,制淀粉后的粉渣也含有较多的蛋白质,是猪的好饲料。绿豆作为青饲料栽培时,可在现蕾至开花期收割青饲,或晒制成青干草,供牛、羊、兔等冬季补饲。调制青贮料时,绿豆秧可与禾本科草或玉米秸等混贮,效果较好。绿豆也是食用作物。籽实含粗蛋白质较高(为 24%),含淀粉量中等,低脂肪,富含多种矿物质元素、维生素和氨基酸(其中含有人体所必需的 8 种氨基酸,特别是第一氨基酸——赖氨酸的含量较高),具有广泛的用途,民间称它可以"养地、养人、养畜禽"。同时因其有清热解毒的药理作用,又是"医食同源"的豆类,被誉为粮食中的"绿色珍珠"。既是日常饮食佳品,又是糕点、饮料、酿造、制粉的工业原料;中医药还视其为一种药材。绿豆的营养成分见表 3-4。

表 3-4　绿豆的营养成分　（%）

类　别	水　分	粗蛋白质	粗脂肪	粗纤维	无氮浸出物	粗灰分
籽　实	14.4	23.1	1.1	5.0	53.3	3.1
粉　渣	86.0	2.1	0.1	2.8	8.7	0.3
豆秸粉	13.5	5.9	1.1	39.1	34.6	5.8

(六)国内登记品种介绍

1. 中绿 1 号　该品种春播夏播均可。夏播 70 天即可成熟。较抗叶斑病、白粉病和根结线虫病，并耐旱、耐涝。成熟时不炸荚，利于机械化收获。一般每公顷产籽实 1 500～2 250 千克,高产的达 4 500 千克以上。适应地区:该品种在安徽、四川、湖南等地表现良好。

2. 中绿 2 号　该品种早熟,夏播 70 天左右成熟。丰产稳产性好,产量高于或相当于中绿 1 号,但抗逆性强,耐湿、耐阴、耐旱性优于中绿 1 号。较抗叶斑病。适应地区:该品种适应性广,在吉林、河南、四川等地表现良好。

3. 明绿 245 绿豆　该品种早熟,夏播 65 天左右成熟。适应性强,稳产性好,耐盐、耐瘠、耐旱、耐病毒病,较抗孢囊线虫病。夏播每公顷产籽实 1 125～1 500 千克。适应地区:该品种在江苏、湖南等地种植很受欢迎。

第四章 叶菜类饲料作物

叶菜类饲料作物也叫青饲料,以茎叶作为饲料用的种类很多,本章就其中比较重要的苦荬菜、牛皮菜、饲用苋菜、甘蓝、山菠菜及菊苣加以介绍。这类饲料含水分多,纤维少,并含有丰富的维生素和无机盐,容易消化。就其营养成分而言,含水分 70%～90%。茎叶干物质中含蛋白质 20% 左右,脂肪 4%～5%,无氮浸出物 35%～50%,无机盐 6%～11%,粗纤维 10%～16%。由此可知,青饲料干物质中所含蛋白质及总营养价值能赶上精料,而且蛋白质的生物学价值与维生素含量则超过精料。因此,是畜禽饲养中不可缺少的饲料及维生素来源,也是草食性鱼类重要的饲料。

一、苦荬菜

苦荬菜又名苦苣菜、凉麻、山莴苣等。原为野生植物,经多年驯化选育,现在已成为广泛栽培的饲料作物之一。我国广东、广西、湖南、湖北、四川、江苏、浙江、安徽等省、自治区普遍种植。20 世纪 70 年代又引种到河北、山东、山西、吉林、黑龙江等地,也表现良好,现已在生产中大面积推广应用。苦荬菜由于长期栽培驯化形成许多地方品种,大致有三种类型:一是大叶型,叶片大,叶缘缺刻较深,生育期长,产量高;二是小叶型,叶片较小,全缘或齿裂,生育期较短;三是皱叶型,产量中等。此外,黑龙江省引进苦荬菜后在当地生长较好,但因无霜期短不能开花结实,随后从中选育出一个早熟品种,已能收获成熟的种子。

(一)植物学特征

苦荬菜为菊科莴苣属一年生或越年生草本植物。

1. 根 主根粗大,呈纺锤形,其上着生大量侧根和支根,主根入土深 1.5 米。

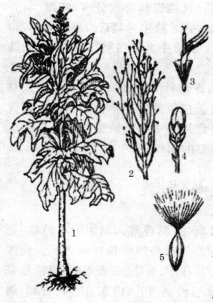

图4-1 苦荬菜
1. 植株 2. 圆锥花序 3. 小花
4. 头状花序总苞 5. 果实

2. 茎 茎直立圆形,幼时多髓质,老时中空、壁厚,质地较软。株高为 1.5～2 米,含白色乳汁。茎上部多分枝,光滑或稍有毛。茎绿色或带紫褐色。基生叶丛生,无叶柄,通常基部抱茎。

3. 叶 叶片阔、披针形或长圆状倒卵形,全缘或羽状深裂,叶片长可达 30～50 厘米、宽 2～8 厘米。

4. 花 花为头状花序排列成圆锥状,舌状花、淡黄色,舌片尖端具 5 齿。

5. 果 果实为瘦果,长约 6 毫米、喙长 0.8 毫米,成熟时为紫黑色,其上有茸毛状白色冠毛(图4-1)。

6. 种子 千粒重 1.2 克。

(二)生物学特性

苦荬菜为短日照作物,持续短光照会提早开花结实。南方的品种引种到北方,由于光照长,生育期延长,种子往往不能成熟。北种南引,生长较差,提早开花结实。它喜光性强,光合效率高。光照充足时,植株高大,分枝多。而植株过密、透光不良时,则茎细枝少,下部叶常枯死脱落,产量和品质降低。

苦荬菜喜温耐寒,凡无霜期在 150 天左右、等于或大于 10℃的积温在 2 800℃以上的地区,都能正常开花结实。种子发芽最低温度为 5℃～6℃,需 10 天以上才能出苗;而在 15℃～16℃时经 5～6 天即发芽出苗。20℃以上时出苗更快。苦荬菜抗寒性较强,幼苗能耐-2℃～-3℃低温,成株可忍受 -4℃～-5℃的霜冻。苦荬菜也抗热,能忍受持续 36℃的高温,仅在空气干燥并伴有热风时才停止生长。

苦荬菜需水量较多,其蒸腾强度高于苋菜和山菠菜,低于聚合草。充足的水分是增产的重要条件。降水量 600～800 毫米的地区比较适宜种植。7～8 月份高温多雨、9～10 月份低温干燥的气候条件,对苦荬菜的生长十分有利。苦荬菜具有较强的抗旱能力,但耐涝性较差,低洼地和地面积水时生长不良,甚至死亡。

苦荬菜对土壤选择不严,各种土壤都能种植,但以排水良好、肥沃土壤种植为宜。能耐酸也耐碱。土壤 pH 值以 6～8 为宜。黑龙江省肇源县草原饲料研究所将苦荬菜种植在连年施肥的重盐碱地上,株高达 3 米以上,每公顷产鲜草 45 000 千克。

苦荬菜苗期生长缓慢,当基部长出 8～10 片莲座叶时开始抽茎,生长加快,日平均增长高度达 2.5 厘米,现蕾前后的最大增长高度可达每日 3.5 厘米。到开花中期株高才停止增长,此时,为苦荬菜需肥需水量最多的阶段,开花以后显著减少。再生性很强,刈割后 2～3 天即能长出嫩叶。南方每 7～10 天可刈割 1 次,全年能收 10～15 茬。河北省每隔 25～30 天收 1 次,全年能收 3～5 茬。

苦荬菜为自花授粉作物,不易串花杂交。开花习性是自下而上依次开放,上午 8～9 时开花最盛,至下午 3～4 时闭合。如遇阴雨天气,开花时间缩短,因而往往受精不良,出现秕粒。

(三)栽培技术

1. 整地、播种 苦荬菜种子小而轻,所以土地需要整平耙碎,施足基肥。播前土壤水分不足时应浇水后再播种。播种可直播或育苗移栽。北方在 3～6 月份均可播种。河北省 6 月上中旬播种。东北地区的中部和北部,于春小麦之后播种。南方春、夏、秋季皆可播种。江苏省在 2 月下旬至 3 月下旬播种为宜。云南和贵州省高海拔地区,早春 2 月播种。播种方法有条播、撒播。条播行距 30 厘米,每公顷播种量 7.5 千克,覆土厚 2～3 厘米。干旱地区播后应镇压。撒播的播种量,每公顷 15 千克。育苗移栽的,1 公顷地的苗可栽 50 公顷的地。当幼苗长到 4～5 片真叶时移栽,行距 40 厘米,株距 10～20 厘米。栽后浇水即可成活。移栽比直播可提早利用 20～30 天。

2. 田间管理 以青刈利用为目的,一般不间苗,即使 2～3 株苗簇生在一起也能正常生长。撒播的如果苗太密可适当疏稀。如缺苗可移栽补苗。苗期不耐杂草,苗高 7～10 厘米时要及时中耕除草,以后每刈割 1 次都要中耕松土并结合追肥灌水。北方多追施速效氮肥,每公顷施硫酸铵或硝酸铵 150～225 千克。南方多泼施粪尿水。苦荬菜的病虫害不严重,有时有蚜虫为害,可喷 40％乐果乳油 1 000 倍液,喷药后间隔 15 天才能饲用。

3. 刈割 当株高 40～50 厘米时,即可进行第一次刈割,留茬 15～20 厘米,之后每隔 30～40 天刈割 1 次,1 年可割 3～4 次。最后一次齐地面割完。一般刈割次数越多,再生越慢,间隔日数就越长,到再生株出现花蕾时,即停止生长。如果是一次性的刈割,应在株高 80～100 厘米时进行。为调节利用时期也可分期播种,分期刈割。此外,还可采用剥叶利用的方法,不断剥取外部大叶,留下内部小叶继续生长。苦荬菜产量高,每公顷产青饲料 70 000～125 000 千克。

4. 采种 一般是在收割 1～2 次青饲料后留种。为了保证种子能够充分成熟,留种地要适时停止刈割,华北地区通常在 8 月份停止刈割。苦荬菜开花期不一致,种子陆续成熟,应分批采收,随熟随收。采种最适时期是在大部分果实的白色冠毛露出时为宜。种子落粒性强,如果采收不及时,易被风吹落,严重影响产量。如果分批采收劳力不足,也可在种子大部分成熟时收割,打成小捆,放在避风向阳处,晾晒 3～4 天,充分成熟后轻轻敲打脱粒。成熟的种子多呈黑色,翌年使用发芽率很高。隔年的种子发芽率已大大降低,不宜作为种用。种子产量每公顷 300～450 千克,高者可达 600 千克。

(四)营养价值和利用

苦荬菜是优质高产的青饲料,其营养丰富,风干茎叶含粗蛋白质 20％左右,与紫花苜蓿相当。蛋白质中氨基酸种类齐全。柔嫩多汁,味稍苦,性甘凉,它还有促进食欲和消化、祛火去病的功能。其适口性特别好,适宜作为夏季青饲料利用。猪、牛、鸡、鸭、鹅、兔等均喜食,同时也是养鱼的好饲料。据养猪试验表明,在精料相同条件下,饲喂苦荬菜比饲喂牛皮菜、聚合草的增重快,饲料利用率也高,而且疾病少。喂猪时每头母猪可日饲喂 7~12 千克,精料不足时可占日粮总量的40%~60%。用来饲喂鱼时,每投入 29~33 千克苦荬菜可产1 千克草食性鱼。饲喂方法可整喂或切碎喂,也可与其他精料粗料拌匀后饲喂。苦荬菜以随割随饲喂为好。如果数量大,鲜饲有余,则可调制成青贮饲料。苦荬菜的营养成分见表4-1。

表 4-1 苦荬菜的营养成分 (%)

类 别	水 分	粗蛋白质	粗脂肪	粗纤维	无氮浸出物	粗灰分
茎 叶	11.3	19.7	6.7	9.6	44.1	8.6

(五)国内登记品种介绍

1. 公农苦荬菜 审定登记年份:1989 年。品种来源:吉林省农业科学院由上海市农业科学院园艺研究所引进的原始材料,通过四代混合选择而育成。品种特征特性:株高 1.5~2.5 米,茎粗 2~5 厘米。茎上部多分枝,一般分枝 7~20 个。生育初期叶片呈倒卵形,叶缘齿裂,叶片长 35~60 厘米、宽10~15 厘米,较其他品种叶片肥大,而且叶多。基生叶丛生,茎上叶互生。花为头状花序,舌状花,呈黄色或浅黄色。生育期 120~130 天。抗寒性强,幼苗可忍受 0℃~2℃低温,但不耐涝。对土壤要求不严,耐刈割,再生力较强。每公顷产鲜草52 500~67 500 千克,产种子 300 千克。适应地区:吉林省内各地适宜种植。相邻省、自治区也能种植。

2. 龙牧苦荬菜 品种登记日期:1989 年。品种来源:黑龙江省畜牧研究所由河北省张家口地区引进的原始材料通过人工混合选择法选育而成。品种特征特性:株高 1.8～2 米,茎粗 1～2 厘米,茎基部分枝。根出叶丛生,叶片大,无明显叶柄,长 30～50 厘米、宽 2～8 厘米。茎生叶互生,基部抱茎,长 10～25 厘米,羽状分裂。头状花序,舌状花,花浅黄色。生育期 130 天左右,比原品种缩短 20 多天。喜温,喜水肥。每公顷产鲜草 45 000～52 500 千克,产种子 225～300 千克。适应地区:适于黑龙江全省种植。如采种子,仅适于黑龙江南部地区。

3. 蒙草苦荬菜 品种登记日期:1989 年。品种来源:内蒙古农牧学院草原系由河北省唐山地区引进的原始材料经多次混合选择法选育而成。品种特征特性:株高 1.5～3 米,茎粗壮,上部多分枝。叶片无柄,呈披针形浅裂或深裂。头状花序在茎枝顶端排列成圆锥状,舌状花淡黄色。种子黑褐色,千粒重 1～1.5 克。生育期 130～140 天,大于或等于 10℃活动积温在 2 000℃～3 000℃的地区种子能够成熟。青饲期长,抗病虫,耐寒、耐轻度盐碱。再生性强,1 年可刈割 3～4 次。蛋白质含量高,适口性好,禽、猪及其他家畜均喜食。每公顷产鲜草 52 500～75 000 千克,产种子 225 千克。适应地区:我国北方除盐碱、干旱地区外,绝大部分地区均可种植利用。

二、牛 皮 菜

牛皮菜又名根达菜、莙达菜、厚皮菜等。是一种叶用甜菜。原产于欧洲南部,现地中海沿岸仍有其野生种。我国引入栽培已久,长江以南的四川、广东、广西、贵州、湖南、湖北、江苏、浙江、福建等省、自治区栽培较多,河北、河南、山东等省也有栽培。牛皮菜是一种蔬菜,也是广泛用于养猪的青饲料,叶量大,产量高,生长利用期长,可以多次收获,很受群众欢迎。

(一)植物学特征

牛皮菜是黎科甜菜属二年生草本植物。第一年为营养生长期,第二年开花结实。

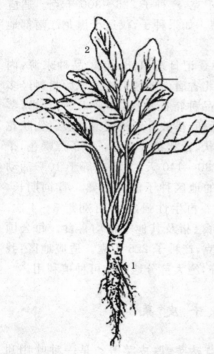

图4-2 牛皮菜
1.根 2.叶

1.根 直根较粗、圆锥形,主根垂直向下,侧根斜伸。入土深80～120厘米。

2.茎 短缩茎又叫根头,较肥大,高者可达30厘米以上,其上着生大量叶片和侧芽,第二年抽薹的茎高约1米。

3.叶 叶簇生,生长较直立,高65厘米。大叶片呈长三角形,长40厘米、宽20厘米,光滑无毛,叶缘微有波折。叶柄长约22厘米、窄而肥厚、光滑,叶柄背面有较明显凸起的棱、腹沟略深(图4-2)。整个叶片肥厚多汁。第二年春天栽植的种根于 5～6 月间抽薹、开花、结籽,7 月上旬收获种子。

4. 花 花小、簇生、黄绿色,穗状花序,排列成圆锥形。

5. 果实 果实聚合成球状,叫种球。内含种子 1～4 粒。种球黄褐色。千粒重 14.6 克。

(二)生物学特性

牛皮菜为长日照作物,需中等强度的光照。喜温暖湿润的气候,生长适宜的温度为 15℃～25℃,温度过高或过低则生长不良,超过 30℃生长缓慢。幼苗耐寒力强,能耐－3℃～－5℃的低温,甚至还能忍受－10℃的短期低温。因此,在长江流域多秋播,自然越冬。牛皮菜是需水较多的作物,在土壤湿度和空气湿度较高的条件下,生长迅速,质地柔嫩。如果水分不足,生长缓慢,叶柄粗硬,产量和品质均降低。牛皮菜适应性强,在各种土壤中均能生长,也比较耐盐碱。但对水、肥要求高,喜排灌良好的肥沃土壤,并需要较多的氮肥,充足的氮肥可以大大提高鲜叶产量。牛皮菜在南方生育期长达 300 多天,利用期为 210～240 天;在北方生育期也达 200 多天,利用期 100 多天。它生长快,再生性强,产量高。

(三)栽培技术

1. 轮作、整地、播种 牛皮菜不宜连作,应轮作。适宜的前作物,南方为瓜类、豆类和水稻;北方为玉米、大豆和各种麦类。牛皮菜根系发育较弱,要求土壤疏松。前作物收获后应及时耕翻晒垡,并施腐熟的厩肥作为基肥,耙碎整平。牛皮菜的播种期,南方因夏季炎热,春播产量低,品质差,所以多实行秋播。北方在 3 月上旬至 4 月中旬播种。种植方式有直播和育苗移栽两种。直播可条播或点播,行距 30 厘米左右,覆土厚 2～3 厘米,播种量每公顷 22.5～30 千克。出苗后,2～3 片真叶时间苗 1 次;4～6 片叶时定苗,株距 20～30 厘米。育苗移栽的,在苗高 15～20 厘米时即可进行。为提早发芽,播前应进行浸种,先用 50℃～55℃温水浸半小时,冷却后再在冷水中浸 24 小时,浸种后的种子发芽快。

2. 田间管理 牛皮菜为聚合果,出苗后往往数苗集生,必须及时间苗。当幼苗长出 2～3 片叶时,就应间去小苗、弱苗,保证适当的营养面积,促使苗壮。生长期间应及时除草、松土、灌水并结合剥叶,每公顷追施人粪尿 6 000～7 500 千克或速效氮肥 120～150 千克。

牛皮菜常见的病害为褐斑病,可喷 1%波尔多液或多菌灵。北方的牛皮菜,还常发生花叶病毒病。要注意防治蚜虫,并加强栽培管理以减轻病害。虫害主要为小地老虎、象甲等为害幼苗,可用毒饵诱杀。夏季有甘蓝夜蛾幼虫为害叶片,可用敌百虫喷杀。

3. 收获 牛皮菜定植后 30～40 天即可剥叶利用,每株每次剥叶 3～5 片,并留 4～5 片叶子继续生长。生长旺盛季节,可多剥叶;生长缓慢时,宜少剥叶。在南方,播种当年 9～11 月份及翌年 3～5 月份生长较快,能收 8～10 次,每公顷产鲜叶 150 000～225 000 千克。北方 6～7 月份生长较快,能收 4～5 次。每公顷产鲜叶 60 000～75 000 千克。

4. 留种 北方留种是在 11 月初收获根头时,选择叶片和叶柄粗大健壮、无病的植株连根挖出,削去叶片,留下短叶柄以保护幼芽,挖坑埋藏,避免受冻。翌年 3 月下旬,栽到地里。栽前施基肥,按行株距 35 厘米×45 厘米穴栽,以后注意中耕除草、浇水等管理措施。到 7 月上旬可收获种子。南方留种的牛皮菜到秋末播种,前期还可掰叶利用,翌年春季抽薹开花后采种。留种时不同的品种应隔开1 500米距离种植,以防杂交。一般每公顷产种子750～1 125千克。

(四)栽培品种

牛皮菜农家品种很多,湖南常见的牛皮菜有青梗和白梗两种。前者抽薹早,味美,多用做蔬菜;后者抽薹较晚,味稍差,产量高,多用做饲料。四川、云南、贵州等地还有一种四季牛皮菜,为多年生;较一般牛皮菜叶片宽大、肥厚,表面多皱纹,产量更高。北方栽培的牛皮菜习惯称根达菜,也是一个栽培历史很久的品种,叶片较前者小而薄,产量低于南方的牛皮菜。

(五)营养价值和利用

牛皮菜含水分多,柔嫩多汁,适口性好,无论整株饲喂或打浆、切碎饲喂,猪都爱吃。成年猪每日每头可喂2.5～3千克,喂量不可过多,以免引起腹泻。牛皮菜含草酸较多,饲喂怀孕母猪和仔猪时,用量也不宜太多,以免妨碍钙的吸收利用,影响胎儿和仔猪的正常发育。牛皮菜除了饲喂猪以外,还可饲喂牛、兔、鸭、鹅等,也可以打浆饲喂鱼。牛皮菜是广泛种植的一种青饲料,其营养成分见表4-2。

表4-2 牛皮菜的营养成分 (%)

类 别	水 分	粗蛋白质	粗脂肪	粗纤维	无氮浸出物	粗灰分
叶	15.61	20.21	3.8	7.21	44.96	8.21

三、饲用苋菜

饲用苋菜又名干穗谷、西粘谷、白仙米、猪苋菜等。是一种营养好、产量高、抗逆性强、适应性广的饲料作物,在我国有着悠久的栽培历史和广泛的栽培地区,由南到北都有种植。分布于云南、贵州、广西、四川、湖南、湖北、江苏、安徽、河北及黑龙江等地。群众中素有种苋养殖畜禽的习惯,多半在房前屋后、田边地头、零星土地上种植,除饲用外,也作为蔬菜用,籽实则作为甜食利用。饲用苋菜由于各地环境条件不同而形成很多地方品种,大致有绿苋及红苋两种类型。此外,也有不少野生种还在利用。青饲料产量较高的有江苏省地方品种老强谷等,籽实产量较高的有云南省千穗谷及美国引进的籽粒苋等。

(一)植物学特征

饲用苋菜为苋科苋属一年生草本植物。

1. 根 为直根系,主根粗大,入土深 1～1.5 米,侧根很多,根系主要分布在 30 厘米土层内,吸收能力强。

2. 茎 直立,高大粗壮。株高 2～4 米,光滑,有沟棱,呈淡绿色或红色。茎内充满髓质,老时略空,成熟时木质化,但不坚硬。

3. 叶 叶片互生、卵状披针形,全缘,具长叶柄,叶柄与叶片几乎等长。

4. 花 花小,单性,雌雄同株,圆锥花序腋生和顶生,由多数穗状花序组成(图 4-3)。

5. 种子 种子细小,圆形,呈黄白色、红黑色、粉红色或黑褐色等,有光泽,千粒重 0.54 克左右。

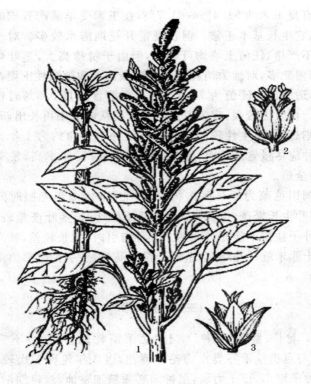

图 4-3 饲用苋菜

1. 初花期的植株上部 2. 雄花 3. 花

(二)生物学特性

饲用苋菜喜温暖湿润气候,耐高温,不抗寒。种子在10℃～12℃时发芽缓慢,20℃以上时发芽出苗较快。生长适宜温度为24℃～26℃。夏季温度适宜,肥水充足,日增长高度可达3～5厘米。抗旱能力较强,经测定整个生长期所需水量只有夏玉米的 51.4%～61.7%,在玉米受旱减产五成的情况下,它生长基本正常。但在现蕾开花期需水较多。对土壤要求不严格,任何土壤均可种植,但由于植株高大,茎叶生长繁茂,需肥多,对地力消耗较大。微酸性土和微碱性土壤都能生长,适宜的 pH 值为 7～7.5。在土壤含盐量 0.3% 时也能生长。再生力较强,现蕾以前刈割可以从叶腋中再长出新枝。如刈割过迟,再生性较差。饲用苋菜种子寿命约为 4 年。生产用种应尽量选用上年新收的种子播种,发芽率高,发芽势强,易全苗。

饲用苋菜为短日照作物,南种北移时,由于光照时间延长,茎叶生长繁茂,植株高大,现蕾开花延迟,茎叶产量较高,但是种子往往不能充分成熟。北种南引时,生长较差,株高不过几十厘米就开花结实,茎叶产量不高,故在引种时要慎重选择。

(三)栽培技术

1. 轮作、整地、播种　饲用苋菜消耗地力较大,不宜连作,可与豆类或禾谷类作物轮作倒茬,以 3 年轮种 1 次较好。由于种子细小,顶土力弱,播种前必须精细整地,深耕细耙,打碎土块。整地时应施足农家肥作为基肥,每公顷施入 37 500～45 000 千克。播种期应因地而异。北方各地多为春播或夏播,时间为 4 月上旬至 5 月上旬,最迟不得晚于 7 月份。南方播种期较长,从 3 月下旬至 10 月上旬随时都可以播种,早春低温多雨时不宜直播。播种量每公顷 6～8 千克。播种方式为条播或撒播。为使播种均匀,种子中可掺入细土或细沙混匀后播种。条播行距 30 厘米,覆土厚度 1～1.5 厘米,也可不覆土,撒一层草木灰或盖一层稻草。北方春旱地区播种后要及时镇压。除直播外,也可育苗移栽。

2. 田间管理 饲用苋菜幼苗生长慢,杂草危害较重,适时中耕除草是增产的关键。一般在齐苗后即可开始中耕,生长后期中耕时应注意适当培土,防止倒伏。当苗高 10～15 厘米时,如果生长过密可间苗,如缺苗应补苗。饲用苋菜比较耐旱,但要获得高产仍需要有充足的水肥供应。苗期生长缓慢需水少,在株高 30～40 厘米迅速生长时应注意灌溉。每次刈割后都要除草松土,追肥灌水,以促进再生,追肥要多施氮肥,使枝叶生长快、青饲料产量高。

3. 收割 当株高 70～80 厘米时即可刈割,留茬高度 15～20 厘米,之后每隔 20～30 天收割 1 次,1 年可割 3～5 次。刈割后的再生情况与刈割时期关系很大,现蕾前刈割再生能力较强,以后逐渐降低。因此,留茬高度也要逐茬提高,以便从新留的茎节上长出新枝,增加产量。饲用苋菜产量较高,北京地区每公顷为 75 000 千克(高产的可达 145 000 千克),南方一般为 90 000～180 000 千克。

4. 采种 留种地以 4～5 月播种为宜,早间苗早定苗,加大行株距为 50 厘米×30 厘米,使茎秆粗壮,分枝增多。生长期间加强管理,当穗子变色、籽实变硬成熟时即可收获,晒干脱粒,每公顷种子产量 1 500～2 250 千克(高产的可达 3 000 千克以上)。

(四)营养价值和利用

饲用苋菜的新鲜茎叶粗蛋白质含量较高,用做畜禽青饲料较好,可节省部分精料。也可以用来饲喂鱼。青刈苋菜可切碎或打浆后单饲,也可与其他精饲料混饲,还可以制成青贮饲料利用。饲用苋菜的种子,营养价值也很高。种子中粗蛋白质含量高于一般谷类作物,尤其是赖氨酸含量较高,比小麦、大麦、玉米高一倍多。其籽实加入配合饲料内,可代替部分豆饼与鱼粉。经饲养试验表明,在鸡饲料中加入 21% 的苋菜籽实粉,可以代替 17% 玉米、2% 豆饼、2% 鱼粉,可使鸡产蛋率与蛋重提高 15%,饲料消耗下降 13%。收获种子后的秸秆,也可制成青贮料饲喂奶牛,可增加产奶量。饲用苋菜的茎、叶及籽实都是优良饲料。饲用苋菜的营养成分见表 4-3。

表 4-3　饲用苋菜的营养成分　(%)

类　别	水　分	粗蛋白质	粗脂肪	粗纤维	无氮浸出物	粗灰分
茎　叶	12.32	14.41	0.76	18.67	33.77	20.07
籽　实	8.35	15.95	6.12	3.78	62.18	3.62

(五)国内外品种介绍

1. 红苋 D88-1　审定登记年份:1997 年。品种来源:中国农业科学院作物育种栽培研究所从美国茹代尔有机农业研究中心引进的种间两次杂交的第六代中经 9 年株选培育而成。品种特征特性:株高 1.4～1.6 米,节间短,叶片多且大而肥厚,小穗紧密。种子白色,微黄,千粒重 0.64～0.74 克,有光泽,呈扁圆形。生育期 90～95 天。为中早熟品种。每公顷产鲜草约 60 000 千克(折合干草 15 600 千克),产种子约 2 800千克。该品种高产、早熟、优质、抗性强。作为青饲料利用,以抽穗期营养价值最高。此期粗蛋白质含量:叶 23.48%、茎 17.51%;粗纤维含量:叶 9.76%、茎 18.9%;赖氨酸含量:叶 0.99%、茎 0.27%。为猪、鸡、鸭、兔所喜食,收籽后的茎秆牛、羊亦喜食,最好的利用方式是青饲或制成叶粉饲料。适应地区:四川盆地、云贵高原、江西省、东北平原及内蒙古自治区东部等地区。

2. 红苋 K112　审定登记年份:1993 年。品种来源:原产于墨西哥。1984 年中国农业科学院作物育种栽培研究所自美国茹代尔有机农业研究中心引入。品种特征特性:株高2～2.8 米,全株紫红色,幼苗期全红色。随着生长叶面绿色,叶背仍为红色。茎粗 2.5 厘米,茎有明显沟棱,分枝 25～40 个。叶片大而厚。单株大小叶片达 400 个。圆锥花序着生于主茎和分枝顶端,主穗由多个小穗枝组成,紧凑直立、紫红色。种子粉白色、扁圆形,千粒重仅 0.5 克左右。孕蕾期叶片含粗蛋白质达 28.3%、茎含粗蛋白质为 15.57%,营养价值高,是优质青饲料,可直接饲喂家畜,亦可制成叶粉蛋白质饲料。晚熟,生育期 130 天。该品种高产、优质、抗逆性强。开花期单株重达 2.5～3.5 千克,1 年可刈割 2～3 次,每公顷产鲜草75 000～100 000 千克(折合干草 10 650～14 200 千克)。适应地区:在旱作条件下适于在年降水量 450～700 毫米的广大北方地区种植;在多雨的南方地区只要排水条件良好,根系不在浸淹情况下皆生长良好。

3. 红苋 K472　审定登记年份:1997 年。品种来源:中国农业科学院作物育种栽培研究所从美国茹代尔有机农业研究中心引进的种间杂交第六代中经 9 年株选培育而成。品种特征特性:植株高大(2.6～3.1 米)、挺直、秆硬、抗倒。穗长达 1米多,穗形细长。窄形圆锥花序,花黄绿色。种子扁平、白色略呈土黄色,千粒重 0.71～0.83 克。生育期 120～130 天,贪青晚熟,是理想的青饲料与养蜂蜜源植物。叶片粗蛋白质含量达 26.6%,赖氨酸含量为 1.01%,是理想的叶粉饲料源。同时可以多次刈割,不断获得柔嫩茎叶。每公顷产鲜草75 000～150 000 千克(折合干草10 650～21 300 千克),产种子 2 550～3 750 千克。适应地区:我国南北各地皆可种植,内蒙古自治区赤峰市和华北、华中、西南等地区尤为适宜。

4. 红苋 M7 审定登记年份:1997 年。品种来源:中国农业科学院作物育种栽培研究所 1991 年从墨西哥收集引入。品种特征特性:该品种最大特点:一是非常抗病。在病害区许多苋菜品种染病,而该品种没有发病。二是花色美观。花为淡橘黄色,似橘橙,是理想的橘黄色素源。三是高产而稳定。株高 2.3~2.6 米,茎粗 2.5~2.9 厘米,生育期 120~135 天,属中晚熟品种。种子白色微黄,较圆。千粒重 0.76 克。叶片中含粗蛋白质 25.08%,种子中含粗蛋白质 18.06%。种子可制作营养食品,茎叶用做饲料,花作为色素源,幼苗可以菜用,具粮、饲、菜多种用途。每公顷产鲜草 60 000~75 000 千克(折合干草 8 500~10 650 千克),产种子 2 250~3 000 千克。适应地区:全国南北各地皆适应,特别是云贵高原与华北、东北地区较适应。

5. 红苋 R104 审定登记年份:1991 年。品种来源:原产于墨西哥。1984 年中国农业科学院作物育种栽培研究所自美国茹代尔有机农业研究中心引入。品种特征特性:株高 1.8~2.5 米。幼苗背面略带红色,茎绿色、粗 2.5 厘米,茎上有明显沟棱,分枝 20~50 个。叶片绿色、大而宽、厚实。圆锥花序着生于主茎和分枝的顶端,穗型紧凑直立、黄色。种子小,白粒、鼓圆形、略扁、双面沿边处有环形突出,种皮光滑。千粒重 0.7~0.8 克。生育期 95 天。该品种高产、优质、适应性广,有较强的抗旱、耐盐性。1 年可刈割 2~3 次。种子含赖氨酸 0.84%~1.01%,粗蛋白质 17%~18.06%,粗脂肪 7.5%~7.86%。初花期的叶含赖氨酸 0.65%,粗蛋白质 25.4%。茎含赖氨酸 0.23%,粗蛋白质 11.4%。种子适于制作营养食品或配合饲料,鲜草适于青饲或制作蛋白质叶粉饲料。每公顷产鲜草约为 102 000 千克(折合干草 14 500 千克)。适应地区:年降水量 400～700 毫米的东北松嫩平原、冀北山地、黄土高原、黄淮海平原、内蒙古高原东部、沿海滩涂、云贵高原以及武陵山区旱坡地上均宜种植,以上地区在一般旱作条件下皆能正常生长。在多雨的南方平原地区只要排水良好也适于种植。如四川盆地、华东、华南、海南地区等。不宜在地下水位过高或涝洼地种植。

6. 绿穗苋 3 号 审定登记年份:1993 年。品种来源:原产于巴基斯坦。1982 年中国农业科学院作物栽培育种研究所自美国茹代尔有机农业研究中心引入。品种特征特性:株高 1.5～2 米。幼苗全身紫红,长大后茎绿色。叶片 311 片,呈绿色泛红。茎粗 2 厘米,分枝平均 43 个。花序着生于主茎和分枝的顶端。穗型紧凑直立,紫红色。种子紫黑色,圆形,光滑。千粒重 0.71 克。中熟品种。生育期 90～100 天。优质、抗性强,有较强抗旱性,但易倒伏。种子是良好的天然色素源。种子含粗蛋白质 15.91%,赖氨酸 0.97%,粗脂肪 6.21%。叶片和茎含粗蛋白质分别为 23.26% 和 14.72%。每公顷产鲜草 50 000～73 000 千克,产种子 1 800～3 000 千克。适应地区:东北平原、内蒙古高原东部、冀北山地、太行山区、黄淮海平原等地区。

7. 千穗谷 2 号 审定登记年份:1993 年。品种来源:原产于墨西哥。1982 年中国农业科学院作物育种栽培研究所自美国茹代尔有机农业研究中心引入。品种特征特性:株高 2.5～3 米。茎叶绿色,花穗淡黄色。枝叶繁茂,单株平均分枝 63 个。种子淡黄色、圆粒。千粒重 0.9 克。晚熟。生育期 130～140 天。高产、优质、抗旱,仅在南方多雨地区略染病及倒伏。较适于凉爽的高原气候,在那里无病。叶片丰富、幼嫩。粗蛋白质含量:种子 17.74%,叶片 22.72%,茎 8.62%。是理想的高产、优质青饲料,为各种畜禽所喜食,也是很好的叶粉蛋白质饲料源。每公顷产鲜草 60 000~100 500 千克(折合干草 8 550~14 250 千克)、产种子 1 500~2 700 千克。适应地区:北方山区、内蒙古高原东部、四川凉山地区、云贵高原、黄土高原、武陵山区等。

8. 万安繁穗苋 审定登记年份:1994 年。品种来源:系地方品种。原产区主要分布在江西省万安县一些交通不便的山区乡。由江西省万安县畜牧兽医站整理评价后申报登记。品种特征特性:植株高大(株高 1.5~2.5 米)直立,茎粗 2~3.5 厘米,茎叶均为淡绿色,分枝多达 30~60 个。主茎和分枝都有顶生圆锥花序,长 60~100 厘米。种子细小,颜色乌黑发亮。繁殖系数高,千粒重 0.4 克。该品种不但产量高,适应性强,特别是适口性好。生育期约 100 天。每公顷产鲜草 75 000~127 500 千克、产种子 750 千克。适应地区:东北、华北、西北、华东、华中大部分地区。

四、甘 蓝

甘蓝又名包心菜、洋白菜、莲花白、球茎甘蓝等。是广泛种植的一种蔬菜,也是广泛种植的叶菜类饲料。甘蓝原产于欧洲地中海沿岸,后逐渐传播开来,现世界各地包括欧洲、亚洲、美洲及大洋洲等都有栽培。我国也是栽培较多的国家之一,从南到北均种植甘蓝,南方冬、春季节栽培,北方春、秋季节栽培。而在高寒地区更是当地重要的栽培蔬菜和饲料,除夏、秋季利用外,还可长期贮存为冬、春季利用。由于甘蓝具有产量高、品质好、易管理、耐贮藏等优点,所以成为畜禽青饲料中重要的栽培饲料。在生产中有专门种植作为青饲料的，也有为菜、饲兼用种植的，而脚叶、外叶却都是猪、禽、兔、鱼等的好饲料。

（一）植物学特征

甘蓝是十字花科芸薹属二年生植物。第一年长叶，第二年开花结实。

1. 根　为圆锥根，主根粗大，入土不深。

2. 茎　茎分短缩茎与花茎两种，短缩茎又有内茎与外茎之分，着生叶球的为内茎，着生莲座叶、基生叶的为外茎。

3. 叶　叶片光滑，具蜡粉，圆形或倒卵圆形。叶片簇生于短缩茎上，呈瓢形、卵圆形或圆形。一般6～7片叶成一轮，随后长出宽大的叶片，中心叶片向内包卷，互相重叠，结成叶球。

4. 花　为总状花序。

5. 果实　为长角果。种子圆球形，紫褐色。千粒重3～4克。

（二）生物学特性

甘蓝喜温和气候，不喜高温，种子发芽的最低温度为2℃～3℃，5℃时幼苗开始生长，并能忍受－10℃～－12℃的短期低温，适宜的生长温度为14℃～23℃，不耐高温，超过25℃则不易包心。因此，适宜冷凉地区和冷凉季节栽培。甘蓝叶片大，根浅，需肥需水都较多，要求土壤相对湿度为70%～80%，而空气湿度低对生长发育影响不大，所以灌溉十分重要。对土壤要求也较高，以肥沃的壤土及冲积土为好，土壤pH值为6～7。在所需的肥料中，幼苗期及莲座期需氮肥多,结球期需磷、钾肥多,只要配合适当,则可获得高产。

(三)栽培技术

1. 整地、播种　甘蓝应选肥沃土壤种植,最好前茬为块根块茎及瓜类。播前土地要深耕细耙,施足基肥,每公顷施农家肥60 000～75 000千克,翻入土中,耙碎整平,做好苗床,然后播种。甘蓝都是育苗移栽的,每公顷用种量750～1 500克。育苗期间温度管理非常重要,出苗后子叶期以15℃～20℃为宜,真叶期温度要求稍高,以18℃～22℃为好。定植前又应降低温度与露地相近,特别是春甘蓝苗必须进行低温锻炼,才能在定植后抵抗低温霜冻。栽植密度因品种而异,早熟品种株行距为30厘米×40厘米,中熟品种50厘米×60厘米,晚熟品种70厘米×80厘米。

2. 田间管理　幼苗定植后立即灌水以保证成活,生长期间需水较多,需要多次灌水。甘蓝是耐肥作物,除了施基肥外,还要追肥,追肥以粪肥为好,可结合灌水时施入。甘蓝前期生长缓慢,应及时中耕,消灭杂草、疏松土壤,避免板结。甘蓝的主要害虫是蚜虫和菜青虫,蚜虫可用乐果乳油2 000倍液喷洒,菜青虫用青虫菌液剂300～500倍液喷洒。

3. 收获　甘蓝作为饲用栽培时,虽然不要求叶球包得很紧,只要叶片多,产量高即可,但是仍以叶球包紧时产量质量较高。收获时将叶球及外叶一同收回,都是优良青饲料,而且外叶干物质多,粗蛋白质还较包心叶略高,所以应充分利用。一般每公顷产量为37 500～75 000千克。

4. 采种　要选健壮、大小适中的甘蓝留种,贮藏越冬,翌年春季栽植田间,株行距为60厘米×70厘米。栽植前要施基肥,抽薹后要追肥,配合施用过磷酸钙,促进种子增产。

(四)饲用甘蓝

饲用甘蓝适合冷凉地区种植。20 世纪 60 年代从法国引进,在北京试种表现一般;而在青海省东部地区种植表现良好,已推广应用。饲用甘蓝茎直立,株高 100～150 厘米,茎紫红色或绿色。叶片大不包心,而形成叶丛,叶柄较长,叶缘波状皱缩而卷曲。饲用甘蓝可直播也可育苗移栽,定植后 1 个多月,当株高达到 40～50 厘米、基部老叶见黄时,即可剥叶利用,每隔 20～25 天剥叶 1 次,全年剥 5～6 次。每公顷产量为105 000 千克。

(五)营养价值和利用

甘蓝多用来饲喂猪,粉碎或打浆后拌和精饲料饲喂。也可以用来饲喂奶牛、鸡、兔、鱼等。甘蓝外叶也可制成青贮料或与玉米秸混贮效果更好。甘蓝柔嫩多汁,适口性好,是畜禽均喜食的青饲料,含有较多无机盐和维生素,营养比较丰富。甘蓝的营养成分见表 4-4。

表 4-4　甘蓝的营养成分 （%）

类别	水分	粗蛋白质	粗脂肪	粗纤维	无氮浸出物	粗灰分
结球甘蓝	90.6	2.2	0.3	1.0	5.0	0.9
饲用甘蓝	88.2	2.4	0.5	1.6	5.5	1.8

五、山 菠 菜

山菠菜又名榆钱菠菜、野菠菜、法国菠菜、洋菠菜等。是一种耐盐碱的饲料作物。原为青海省柴达木盆地和新疆维吾尔自治区内的野生植物。经引种驯化后现已成为栽培的青饲料。

新疆、青海、内蒙古、河北、山西、黑龙江、浙江、福建等省、自治区都曾种植,是适于高寒地区及盐碱地区栽培的一种饲料作物。

(一)植物学特征

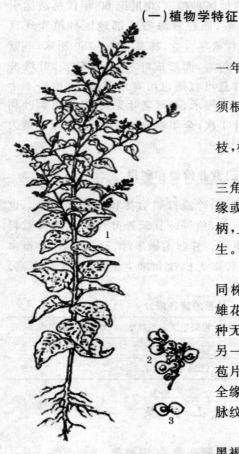

山菠菜是黎科滨藜属一年生草本植物。

1. 根 主根不发达,须根较多,根系入土不深。

2. 茎 茎直立,多分枝,株高可达 0.6～3 米。

3. 叶 叶片稍肉质、三角形、卵圆形至戟形,全缘或具不整齐齿,有长叶柄,上部叶互生,下部叶对生。

4. 花 花单性,雌雄同株,花序顶生或腋生。雄花 5 枚。雌花二型:一种无苞片,只具花被 5 片;另一种无花被,而且为 2 苞片。苞片离生,近圆形,全缘,榆钱状,表面具网状脉纹。

5. 种子 种子圆形,黑褐色(图 4-4)。千粒重 3～5 克。种子寿命短,2～3 年即丧失发芽能力。

图 4-4 山菠菜
1. 整株 2. 果穗 3. 一个果实

(二)生物学特性

山菠菜具有较强的耐盐碱性,在 pH 值 9 的盐碱地上仍能良好发芽,在土壤含盐量 0.3%～0.6%的范围内均能生长。山菠菜原产于高寒地区,喜凉爽气候,耐寒性强,苗期能耐 -6℃低温和霜冻,结荚期能耐早霜,耐旱性强,也耐涝,不耐高温,气温超过 30℃则生长不良。在夏季气温较低的地区开花晚,生长期长达 140 多天,茎叶繁茂,产量高;在夏季气温高的地区,抽薹开花早,生长期约 120 天。

(三)栽培技术

1. 播种、田间管理 山菠菜宜春播,3 月中下旬播种,在土壤化冻后即可进行,每公顷播种量 4.5 千克。因种子寿命短,播种时应采用上年新收种子。条播,行距 35～40 厘米,覆土厚 2～3 厘米。出苗后间苗、定苗,株距 20～30 厘米,若留种用株距应加大到 50～60 厘米。如苗期天气干旱应及时浇水。每次刈割或掰叶打顶后,应及时追肥、灌溉,并松土除草以促进再生。

2. 收获 山菠菜除在苗期间苗利用外,定苗以后待植株生长茂盛已封行或基部老叶见黄时,就可刈割或掰叶、打顶利用。大面积栽培的多刈割,留茬 20～25 厘米,还可再生。小片地多掰叶和打顶,即掰主茎和分枝基部老叶,打去主茎和分枝上的生长点,使叶腋中陆续长出新的分枝,一般每隔 15 天左右可以利用 1 次。每公顷茎叶产量 45 000～75 000 千克。留种的植株在生长前期同样可以刈割或掰叶利用。现蕾以后则停止利用,这样仍能收到种子。每公顷种子产量 2 250 千克。

在山东省潍坊地区栽培,早春 3 月 22 日播种,4 月 9 日出苗,生长前期 4～5 月份可以间苗利用,自 5 月中旬至 6 月底,生长旺盛期间,每隔 15 天左右可以掰叶、打顶 1 次,共利用 3～4 次。4～6 月份每公顷茎叶总产量为 47 325 千克。7 月份以后山菠菜陆续开花结籽,8 月上旬种子成熟。

(四)营养价值和利用

山菠菜适口性好,各种家畜都爱吃,以猪、牛最喜欢吃。多切碎或打浆后生饲。春季配种季节,给种猪饲喂些山菠菜,可以促进母猪发情,公猪性欲旺盛,提高配种受胎率。也可饲喂鸡、鸭、兔等。山菠菜是适合冷凉地区种植的青饲料。山菠菜的营养成分见表 4-5。

表 4-5　山菠菜的营养成分　(%)

类　别	水　分	粗蛋白质	粗脂肪	粗纤维	无氮浸出物	粗灰分
全　株	3.7	15.0	3.6	9.3	48.4	20.0

六、菊　苣

菊苣又名欧洲菊苣、咖啡草、咖啡萝卜。广布于亚洲、欧洲、美洲及大洋洲。菊苣在欧洲被广泛用做菜叶类蔬菜,近几年在我国已有蔬菜品种的引进种植。20 世纪 80 年代末,新西兰经多年选育,培育出了饲用型菊苣新品种,该品种由于产量高、质量好,并具有良好的适口性,得到了广泛的推广利用。近年来,澳大利亚等国亦选育出饲用型品种。

(一)植物学特征

菊苣为菊科菊苣属多年生草本。

1. 根 菊苣主根明显,长而粗壮,肉质。侧根发达,水平或斜向分布。

2. 茎 莲座叶丛型。主茎直立,分枝偏斜。茎具条棱、中空,疏被绢毛。株高为 170～200 厘米。

3. 叶 基生叶片大,羽状分裂或不分裂。茎生叶较小,披针形。

4. 花 头状花序,单生于茎和分枝的顶端,或 2～3 个簇生于中上部叶腋。总苞圆柱状,花舌状、浅蓝色,花期长达 3 个月之久。

5. 果实 瘦果,楔形,具短冠毛。种子很小,千粒重 1.5 克左右。成熟的种子易脱落,造成种子生产的困难。一般从盛花后 20～30 天收种为宜。

(二)生物学特性

菊苣喜温暖湿润气候,抗旱,耐寒性较强,较耐盐碱,喜肥喜水,对土壤要求不严格,旱地、水浇地均可种植。其生长速度快,特别从抽茎到花期,高度迅速增加,日均增高可达 2 厘米。再生能力强,在山西省太原地区,生长第二年植株,从 6 月下旬第一次刈割到 8 月上旬第二次刈割的再生阶段,日均产鲜草每公顷 1 110 千克。生长第一年可刈割利用 2 次,从生长第二年开始,可每年刈割利用 3～4 次。在太原地区,3 月中下旬返青,6 月上旬开花,7 月下旬至 8 月初种子成熟,生育期 140 天左右。10 月底停止生长,11 月中下旬干枯,生长期 240 天左右。

(三)栽培技术

春播、秋播皆宜,每公顷播量 2.25～3 千克,播深 2～3 厘米;条播、撒播均可,条播行距以 30～40 厘米为宜。菊苣种子小,播前整地需精细,播种时最好与土等物混合撒籽,以达到苗匀苗全的目的。播后应立即耙磨镇压。幼苗期及返青期后易受杂草侵害,应加强杂草防除。菊苣生长快,需肥量高,播前应施入充足的农家肥。每年每公顷追施氮肥 600～750 千克,可在返青及每次刈割后分批随浇水施入。菊苣根系肉质肥壮,施用未腐熟的农家肥作为基肥易导致其根系发生病虫害及腐烂变质。其叶片肥嫩,特别在莲座叶丛期植株不及时利用则逐渐衰老腐烂,并易引起病虫害发生,故应适时刈割或放牧利用。其成熟种子易落粒,应在盛花期后 20～30 天适时收种。

(四)营养价值和利用

菊苣莲座叶丛富含蛋白质(达 21.4%),并且含有 15.5% 粗灰分、3.2%粗脂肪、22.9%粗纤维、37%无氮浸出物。开花期干物质中分别含粗蛋白质 17.1%,粗脂肪 2.4%,粗纤维 42.2%,粗灰分 9.4%,无氮浸出物 28.9%。动物必需的氨基酸含量高而且种类齐全,茎叶柔嫩,适口性好,牛、羊、猪、兔、鸡、鹅均极喜食,可直接饲喂,青饲和放牧均可。抽茎期亦可刈割制作青贮料,也可与无芒雀麦、紫花苜蓿等混合青贮,是奶牛良好的冬、春季青饲料。

(五)国内登记品种介绍

普那菊苣 审定登记年份:1997 年。品种来源:山西省农业科学院畜牧兽医研究所,于 1988 年从新西兰引进。品种特征特性:普那菊苣为菊科菊苣属多年生草本植物,莲座叶丛型,主茎直立,分枝偏斜。茎具条棱、中空,疏被绢毛。平均株高 170 厘米。基生叶倒向,羽状分裂或不裂。叶长 10～40 厘米,叶宽 4～8 厘米。茎生叶渐小,叶背疏被绢毛。头状花序单生于茎和枝端,或 2～3 个簇生于叶腋。花舌状、蓝色,花期 2～3 个月。瘦果楔形。主根粗壮,肉质。适口性好,营养价值高,抗旱、耐寒性较强,耐盐碱,返青早,再生速度快。产草量高,每公顷产鲜草 90 000～150 000 千克。适应地区:华北、西北及长江中下游地区均可栽培。华北地区种子产量较高;长江中下游地区生物产量高,种子产量较低。

第五章　根、茎类及瓜类饲料作物

根、茎类及瓜类饲料作物也常称为多汁饲料,包括块根(甘薯)、块茎(马铃薯)、根(胡萝卜)及瓜类等,其特点是含有大量水分、淀粉、可溶性糖及少量的纤维素,并含有丰富的 B 族维生素和维生素 C 等,其消化率高、适口性好,是营养价值较高的一类饲料。这类饲料比较耐贮藏,多在冬、春季节缺乏青饲料时期用它作为饲料,用以改善畜禽的营养状况,特别对种畜泌乳及肥育家畜作用更大。多汁饲料在我国分布甚广,从南到北均有种植,如菊芋等还可以不占耕地而利用闲散土地、房前屋后、田边地头种植,以增加多汁饲料。

一、甜　菜

甜菜又名糖萝卜、饲料萝卜、糖菜等。它包括糖甜菜及饲用甜菜两种,都可作为饲料利用。糖甜菜的块根呈圆锥形,白色,含糖量高(一般为 15％～20％),主要用做制糖原料,也作为饲料用。饲用甜菜的块根呈圆柱形,粉红色或黄色,含糖量较低(一般为 4％～8％),但个体大,产量高,专作饲料利用。虽然糖甜菜较饲用甜菜产量低,但含糖量高,干物质多,单位面积收获的营养物质高于饲用甜菜。因此,很多奶牛场饲养奶牛更喜欢用糖甜菜。甜菜原产于欧洲南部,主要分布在欧洲、亚洲和美洲的中北部。我国以东北的黑龙江省、内蒙古自治区和华北、西北地区种植较多。其他地区种植较少。

(一)植物学特征

饲用甜菜是藜科甜菜属二年生植物。第一年只形成肥大的块根和繁茂的叶丛,第二年抽薹、开花结实。

1. 根 为直根,根系较发达,主根入土深达 2 米左右,侧根伸展范围大,直径达 1 米上下;主根上部膨大肥厚,形成肉质块根,呈不规则圆柱状。块根表面呈粉红色、黄色及白色等,肉质白色或青白色。块根分根冠、根须和根体三部分。根冠是短缩茎,其上着生叶和芽。

2. 茎 花茎从根颈抽出,高 80～110 厘米,多分枝。

3. 叶 长圆形、丛生,叶片较多,可达 50 片以上。叶柄及叶脉与块根表面颜色一致,呈粉红色或黄色。

4. 花 松散穗状花序。小花 3～4 朵,簇生,两性,萼状花被 5 片。开花后增大变硬,与果实相结合成为聚合果,生产上称为种球(图 5-1)。

5. 种球 每个种球 3～4 个果实,每果 1 粒种子。

6. 种子 种子肾形,外面包有红褐色种皮。种子千粒重 15～25 克。

(二)生物学特性

饲用甜菜为长日照作物。喜光。光照充足,根生长快,产量高,反之产量低。饲用甜菜喜昼夜温差较大的凉爽气候,抗寒性强,能耐低温。夏季高温多雨季节生长不良,并易感染病虫害。在栽培的第一年主要是营养生长,形成块根,适宜的生长温度为 15℃～25℃,种子发芽温度 8℃～10℃,幼苗能耐 −2℃～−3℃低温。出现真叶后,能耐短期 −8℃低温。生长后期也要求凉爽而晴朗的天气,以利于糖分和干物质的积累。

生长期间需水分较多,但也怕涝,不论在幼苗期还是块根膨大期,受涝后根部生长不良。易发生褐斑病和立枯病,严重时烂根死亡。

饲用甜菜对土壤要求不严格,但以土层深厚、疏松、肥沃的壤土或砂壤土为好。适宜的土壤 pH 值为 7～7.5。在轻度盐渍化的地上种植甜菜,只要充分施肥,抓全苗,都能获得较高产量。在东北

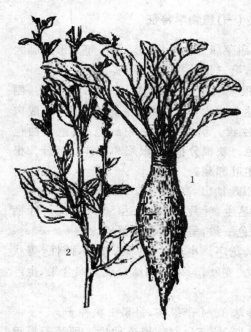

图 5-1 甜 菜
1. 块根与基生叶 2. 花枝的一段

地区以含大量腐殖质的黑土地种饲用甜菜最好,而肥力稍差的栗钙土、灰化土也可种植。

饲用甜菜的生育期 120～150 天,因地区和品种不同而异。幼苗期主要长叶,后期为根部膨大期。据在河北省张家口地区观察,从出苗到 4 对真叶需 30 天,这时根也开始膨大,从根膨大到收获约需 90 天。叶与根增重的比较:出苗后 60 天,叶增重比根快,大致为根重的两倍;90 天后根增重大于叶增重。可以看出在生长后期,根膨大加快,根产量常高于叶产

量两倍以上。如果在此期间不断剥叶,下部叶不致枯黄,叶产量几乎接近根产量。翌年春栽种母根后抽薹开花结实,生育期 110 天左右。南方采种田块根可露地越冬,完成生育周期。

(三)栽培技术

1. 轮作、整地、播种　饲用甜菜最忌连作,常作为玉米和棉花等中耕作物的后作,它又是麦类的良好前作。种植饲用甜菜的地块应深耕,耕深 20～30 厘米,耙平整细,再起垄或平作。在整地时要施足农家肥作为基肥。播种分春播和夏播两种。北方多春播,但留母根的常在麦收后夏播。南方春、夏两季都可以播种,1 年可收两次。其中以夏播较多,夏播可减少或避免高温多雨季节的病虫害。也有少数地方实行秋播。大面积播种时,一般采用播种机条播或点播。条播行距40～60 厘米,每公顷播种量(干燥种子)15～22.5 千克;穴播行距 50～60 厘米,穴距 20～25 厘米,覆土 3～4 厘米。

2. 田间管理　饲用甜菜是用种球播种的,每个种球常出苗 2～3 株,必须间苗。当出现 1～2 对真叶时间苗 1 次;3～4 对真叶时,即可按 25～30 厘米的株距定苗。并结合间苗进行中耕除草,后期应注意培土,直到封垄为止。主要的病害为褐斑病、蛇眼病、花叶病毒病等。这些病害除选用抗病品种外,要及时用多菌灵、百菌清、克菌丹等药剂防治。饲用甜菜虫害较多,苗期易受蒙古灰象甲、东方金龟子为害,成苗后易遭潜叶蝇、甘蓝夜蛾为害。发生早期用辛硫磷、乙酸甲胺磷、速灭杀丁、敌杀死等药剂防治。

3. 收获和贮藏　饲用甜菜在气温 8℃左右时基本停止生长,可开始收获,到霜前收获完毕。然后入窖贮藏,窖温须保持在 0℃～4℃。也可挖沟贮藏,沟深 1.5 米左右,覆土厚度以不受冻为原则。此外还有冻贮的,即将块根堆放在靠近厩舍背阴处,上盖干草,供冬季利用。饲用甜菜块根较大,单个平均重量1~1.5千克(大的可达8千克左右)。产量较高,每公顷产块根52 500~60 000千克,产鲜叶15 000千克。据试验,在生长期间,如每隔一段时间剥叶利用,每公顷可产鲜叶69 000千克。

4.采种 应选择中等、健壮无病虫害的块根作为母根留种,也常用夏播的小母根留种。翌年春季栽植,可按60厘米×60厘米株行距穴栽。栽前施农家肥,栽后覆土4~6厘米厚。在北京地区4月初栽植,5~6月份抽薹开花。7月份收种。饲用甜菜的花期较长,种子成熟不一致,早熟的种子容易脱落,遇雨能够自然发芽造成损失。因此,当植株上部种球变黄褐色时应及时采收。每公顷种子产量750~1 125千克。种子发芽力可保持2~3年。

(四)营养价值和利用

饲用甜菜和糖甜菜均为优良多汁饲料。甜菜的根和叶营养价值较高,是猪、牛、羊、家禽等各种畜禽的优良多汁饲料。可以切碎或打浆后生饲喂,也可制青贮料。饲喂时应与其他饲草、饲料混饲,以防饲喂过多或饲料单一发生腹泻。腐烂的茎叶中含亚硝酸盐,不能饲喂,以防中毒。冻贮的饲用甜菜,要用水浸泡化冻,然后再切碎饲喂。除了新鲜块根及叶片为多汁饲料外,糖甜菜榨糖后的甜菜渣也是极好的粗饲料。饲用甜菜和糖甜菜的营养成分见表5-1。

表 5-1　饲用甜菜和糖甜菜的营养成分　（％）

类 别		水 分	粗蛋白质	粗脂肪	粗纤维	无氮浸出物	粗灰分
饲用甜菜	根	88.8	1.5	0.1	1.4	7.1	1.1
	叶	93.1	1.4	0.2	0.7	4.2	0.4
糖甜菜	根	75.0	1.6	0.1	1.5	20.6	1.2
	叶	91.8	1.9	0.4	1.1	3.2	1.6

(五)国内登记品种介绍

中饲甜 201 甜菜　审定登记年份：2005 年。品种来源：中国农业科学院甜菜研究所和黑龙江大学农学院合作，于 1995 年开始进行杂交选育，经 4 个世代的轮回选择而成。品种特征特性：该品种地上部形态整齐，叶丛斜立，叶数和繁茂度中等，叶片舌形、绿色。营养生长前期植株根部膨大迅速，并明显向地上部生长。收获期根型以呈圆柱形为主，根皮色以上青绿下橘黄为主，根体的 1/2 部分生长在地表上，易收获。中抗甜菜褐斑病和根腐病，抗逆性强、适应性广。尤其在半干旱、轻度盐碱地等低产田上利用效果明显。每公顷鲜生物产量可达 75 000～97 500 千克。适应地区：黑龙江、吉林、辽宁和内蒙古东部等地区。

二、甘　薯

甘薯又名红薯、白薯、红苕、番薯、山芋、地瓜等。是我国广泛栽培的食用作物，也是主要的饲料作物。我国甘薯的栽培面积和总产量仅次于水稻、小麦、玉米，居第四位。甘薯原产于南美洲，主要分布于热带和温带南部，而以温带南部为多，如墨西哥、巴西、中国、印度、印度尼西亚、越南、菲律宾、日本、美国及非洲等地都有种植。我国是在明朝引入甘薯的,已有 400 多年历史,现已成为世界上种植最多的国家。其次是日本、美国。甘薯在我国分布甚广,除北部寒冷地区及西北高原外都有种植,包括华南、华中、西南及华北地区,而以四川、河南、山东、河北、安徽等省较多。甘薯产量高,用途广,除食用和饲用外,还可加工淀粉、粉条、制糖、酿酒等。

(一)植物学特征

甘薯为旋花科甘薯属草本植物。在热带为多年生,可开花结实用种子繁殖。但在温带冬季茎叶枯死则成为一年生植物,而且不能开花结实,只能无性繁殖。

1. 根 根系强大而发达,初期有粗根及细根两种,以后部分粗根膨大逐渐形成块根,块根有纺锤形、卵圆形、椭圆形或不规则形等,颜色有红色、黄色等。

2. 叶 叶互生,具长叶柄,叶片心形、掌形、肾形或三角形。

3. 茎 蔓生,细长,蔓茎匍匐或半直立。茎蔓甚长(可达 60～200 厘米或以上),茎呈圆柱形,上有茸毛。茎节着土后生不定根。

4. 花 为聚伞花序,生于叶腋和茎顶,花冠喇叭状,花紫色、淡红色或白色;萼钟状,5 齿裂,雄蕊 5,雌蕊 1。甘薯为异花授粉植物,自交结实率很低。

5. 种子 蒴果,圆形或扁圆形。内有种子 1～4 粒,种子细小、黑色,种皮极硬,为球形或多角形。

(二)生物学特性

甘薯为喜温作物,无霜期 130 天以上的地区才能种植,适宜的生长温度为 18℃～35℃,而且在此范围内温度越高,块根生长越快越好,24℃左右的温度最有利于薯块形成。低于10℃时则停止生长,块根品质变劣。甘薯不耐霜,遇霜时茎叶枯萎,块根容易腐烂。种薯萌发的最低温度为 18℃,而以28℃～30℃最为适宜,高于 35℃时幼苗就会受害。甘薯由于具有入土深而强大的根系,所以比较抗旱,但幼苗期还需要充足的水分。甘薯不耐涝,也怕积水,否则影响块根的生长发育。甘薯对土壤要求不甚严格,但喜疏松、排水良好、富含有机质的砂质壤土和壤质砂土,不适宜黏重土壤生长。它耐瘠性也较好,可在山坡地及新垦地种植,土壤适宜的 pH 值为5～8。充足的日照是生长良好的必要条件,可以促进块根及茎蔓增长。甘薯喜肥。据分析,1 000 千克薯块中含氮 3～3.5千克,磷 0.9～1.75 千克,钾 5～5.5 千克;1 000 千克茎叶中含氮 2.7 千克,磷 0.5 千克,钾 3.5 千克。由此可见,甘薯需钾最多,氮、磷次之,但土壤中往往钾含量较高。因此,施肥时要因地制宜,氮、磷、钾合理配合,才能达到增产的效果。甘薯生育周期,从栽插到收获需要 110～160 天,生育期越长,产量越高。甘薯的生长过程大致分四个阶段。

1. 缓苗生根阶段 缓苗后主要是长根,根量可达到全生育期总量的 70%～90%,地上部生长较慢。

2. 分枝结薯阶段 根系基本形成后,根生长速度减慢,茎叶生长逐渐加快,并且产生分枝,薯块也开始形成。

3. 茎叶生长阶段 茎叶生长旺盛达到高峰时,积累大量养分,以供给结薯的需要,块根重量逐渐增加,一般可达总根重的 30%～40%。

4. 块根膨大阶段 此时地上部生长速度减慢,养分向下输送,块根迅速膨大,其重量可占总重的 50%。

（三）栽培技术

1. 轮作与整地　甘薯不宜连作，常与禾谷类作物轮作。北方两年三熟区，多与玉米、高粱、小麦、谷子、大豆、花生、烟草轮作；南方多与水稻、麦类、大豆、油菜、玉米等轮作，也有在甘薯地里套种玉米、蔬菜、豆类及瓜类的。甘薯根系强大，为了创造块根发育的良好条件，土地应深耕并施足农家肥为基肥。

2. 育苗栽插　甘薯是由种薯育苗栽插繁殖的，育苗有两种方法。一是温床育苗。这是北方采用的方式。育苗时，选背风向阳、光照充足、排水良好、土层深厚的地块，做成长 7～10 米、宽 1.2 米、深 0.6～1 米的苗床，北边还要做风障，在苗床里铺上稻草、马粪、麦秸等酿热物，酿热物必须加水潮湿后放入，然后上边再铺一层细土，在土上放种薯，放好种薯后再盖上一层土即可，利用酿热物自然发酵来提高苗床温度。二是露地育苗。在南方温暖地区采用，也同样做成苗床，不加酿热物，依靠太阳热量发芽生长。育苗可随时进行，随时可取蔓苗栽插。苗高 30 厘米时即可采苗，应选粗壮、节短、无病虫害的茎蔓栽插，其长度以 3～5 节为宜。当气温达到 18℃ 以上时即可进行。栽插方式有直插、斜插、水平插等，播后立即灌水即能成活。栽插密度一般每公顷 75 000～90 000 株，因品种与土地肥力而异，行株距 60 厘米×20 厘米或 50 厘米×30厘米。兼收块根及茎蔓饲用的，每公顷 90 000～120 000 株；青刈利用的，每公顷 90 000～180 000 株。

3. 田间管理　幼苗成活后，要及时中耕消灭杂草，疏松表土，同时还要注意培土。以保持土壤水分，减少旱害与涝害，还可防止薯块露出地面影响产量与品质。甘薯茎蔓匍匐地面生长茎节容易生根,对蔓长易生根的品种应提倡翻蔓,而蔓短的品种可以不翻蔓。甘薯虽然耐旱,但过于干旱也会造成减产,在长期不下雨而发生土地干裂时,应及时灌水,才能保证较高的产量。

4. 收获和贮藏 甘薯块根一般在霜前收获,遇霜后则不耐贮藏,而且发病较重。收获时还要注意减少损伤。在收获块根前要先收割茎蔓,茎蔓产量大约为块根的1/2,是家畜的优良青饲料。饲用栽培的甘薯,应在茎蔓及块根产量最高时收获。当块根形成一定重量后茎蔓可刈割数次,以获得更多青饲料。在南方可以刈割3～4次,华北地区刈割2～3次,各地可因地制宜决定适当的刈割次数。每公顷可收薯块和茎蔓各30 000～45 000千克。青刈栽培的甘薯茎蔓每公顷产量60 000～105 000千克。收获后的甘薯应贮藏好供冬、春季利用,贮藏期间要求的温度为9℃～18℃,相对湿度70%～80%。根据不同的环境条件,可采用地下窖、半地下窖或地上窖贮存。

(四)栽培品种

甘薯品种很多,有地方农家种,也有选育出的新品种。饲用甘薯应选择抗病、生长快、品质好、块根与茎蔓产量均高的品种为好,如胜利百号、华北116、河北872、济薯5号等。

(五)营养价值和利用

甘薯的块根及茎蔓都是优良饲料。块根中含大量淀粉、B族维生素、维生素C,胡萝卜素等也较丰富。常作为畜禽的精料,可以鲜饲喂,也可切片晒干利用。有时将块根及茎蔓粉碎后混合制成高质量的青贮料,饲喂奶牛及肥育猪效果特别好。制淀粉后的粉渣也是可以利用的粗饲料。甘薯茎蔓中也含有丰富的蛋白质及碳水化合物,有较高的饲用价值,是优良的青饲料,适口性好,猪、牛、羊、兔均喜食,也可用来饲喂鱼。新鲜茎蔓切碎或打浆饲喂均好。如制成青贮料更好,能保存较多的营养成分,又能长期利用。甘薯营养丰富,具有很高的饲用价值,其营养成分见表5-2。

表 5-2 甘薯的营养成分 (%)

类　别	水　分	粗蛋白质	粗脂肪	粗纤维	无氮浸出物	粗灰分
块　根	68.8	1.8	0.6	1.3	26.4	1.1
茎　蔓	88.5	1.4	0.4	3.3	5.0	1.4
粉　渣	89.5	1.3	0.1	1.4	7.5	0.2

三、马 铃 薯

马铃薯又名土豆、洋芋、山药蛋、地蛋、荷兰薯等。是重要的食用作物,也是重要的饲料作物。马铃薯原产于南美洲智利的安第斯山区。16世纪中叶传进西班牙,而后传及欧洲大陆。17世纪20～50年代传入我国。现已经遍及140多个国家,栽培总面积近2 000万公顷,年总产量约3亿吨,成为全球第五大农作物。种植较多的国家有俄罗斯、中国、美国、德国、荷兰及印度等。我国是最早栽培马铃薯的国家之一,栽培区域很广,从南到北均有分布,总面积约为670万公顷。主要在长城以北高纬度地区、白龙江以西地区,如黄土高原、内蒙古高原以及黑龙江省种植较多,而且在这些地区食粮中马铃薯占有很大比重。在南方也种有马铃薯,则多在冬、春栽培,除少部分作为食粮外,普遍作为饲料和蔬菜利用。

（一）植物学特征

马铃薯为茄科茄属草本植物。

1. 根　根系发达，须根，主侧根不明显，大部分根系分布在 30 厘米土层内。用块茎繁殖产生的根系是须根，用种子繁殖形成的根系是直根系。

2. 茎　分地上、地下两部分。地上茎直立、圆形、三角形，高 30~150 厘米。地下茎为主茎埋入地下部分，具 6~9 节，每节可产生匍匐茎。通常匍匐茎越多，形成的块茎就越多。茎端膨大发育为块茎。块茎是马铃薯缩短而又膨大的变态茎，其形状有圆、扁圆及椭圆三种。大小一般为 100~250克。

3. 叶　羽状复叶，互生，螺旋状排列。叶面有茸毛和腺毛。

4. 花　为聚伞花序，腋生。花冠由 5 片合生的花瓣组成，花有白色、紫色等。

5. 果实　为浆果，圆形或椭圆形。内有种子 100~300粒，种子细小扁平，千粒重 0.5 克。多数品种开花不结种子，用块茎无性繁殖。

（二）生物学特性

马铃薯适宜冷凉气候生长。因此，多分布在高寒地区。其块茎在 4℃~5℃时即开始发芽，适宜温度为 8℃~10℃。茎叶生长的适宜温度为 15℃~18℃，块茎生长以 17℃左右为最好，25℃以上即可能出现退化，超过 29℃时则影响生长和结薯。其生育期内需要大于或等于 10℃的有效积温为1 400℃~2 400℃，从播种到出苗需要 200℃~300℃的有效积温。马铃薯的抗寒能力不如麦类及甜菜等,幼苗在－1℃～－2℃时即遭冻害,但地下部分未受冻的块茎仍可能再萌芽生长。马铃薯对水分要求不高,在年降水量 300～400 毫米的地方,如山西省北部、河北省坝上以及甘肃省定西等地区能生长良好,产量较高。块茎萌发期需水不多,其本身的水分即可满足发芽需要,到薯块形成时需水逐渐增多。这时正值上述地区雨季来临,也能满足需要。特别干旱时,则需要灌溉。但当马铃薯进入块茎增长后期直到淀粉积累期要适当控制土壤湿度,如水分过多会导致块茎感染各种病害。对土壤的要求最好是疏松的砂壤上,并能保持一定水分和养分。适宜的 pH 值为 5.5～7.5。

(三)栽培技术

1. 轮作、套种、整地、施肥、播种　马铃薯不宜连作,应与禾谷类、豆类作物轮作。马铃薯理想的前作有谷子、麦类、玉米等,其次是豆类作物和高粱;其后茬可以安排豆类、瓜类、绿肥、玉米、油菜和谷类作物。同时马铃薯还可以和粮、棉、油等作物进行间作或套种,以解决用地矛盾。由于马铃薯收获的是地下部分的块茎,所以要求土层深厚、疏松,有利于块茎的生长和发育。种马铃薯的土地,应深耕细耙,并施足够的农家肥作为基肥,每公顷 45 000～60 000 千克为宜。马铃薯是用块茎切块种植的,可以直播,也可育苗移栽。一年一熟地区大多采用春播,要适期早播。南方则主要采取秋、冬播种。开沟播种或挖穴播种,行距 60～70 厘米,株距 20～30 厘米,播深 6～8 厘米。在干旱或沙质松散的土壤中,播深可增加到 8～10 厘米。每公顷播种 30 000～90 000 株。也可以育苗移栽,这种苗比较弱,移栽后要加强管理,也可获得较好的产量。

2. 田间管理　马铃薯出苗后要及时中耕除草,一般需中耕 2～3 次,消灭杂草和松土。同时还要培土,以防薯块暴露,影响产量和质量。在马铃薯苗高达到 15 厘米之前,要适当进行蹲苗锻炼,以促进根系的生长发育。在苗高达到 15 厘米以后应适当浇水,使田间含水量达到最大持水量的60%～70%。在块茎形成期和块茎增长期,即结薯时期,是生长最旺盛时期,也是需水量最大的时期。在块茎增长后期到淀粉积累期则要适当控制水分,否则容易造成病害和腐烂。南方雨水多的地区则要注意排水。在整个生育期结合中耕和浇水,可适当追施化肥 2～3 次,前期以施氮肥为主,磷、钾肥为辅;后期则相反。开花期可叶面喷施硫酸铜和硼酸溶液,既能防病,又能增产。

3. 收获与贮藏　当马铃薯茎叶变黄时,块茎已经成熟,即可收获,要在早霜来临之前收完。收获时还应注意避免损伤,便于贮藏。每公顷产鲜薯 37 500～45 000 千克,茎叶产量与块茎相似。马铃薯产区,如吉林、黑龙江等省都用窖藏,窖深 2～3 米,面积大小根据种薯多少而定,窖顶覆土和柴草,以保持窖内温度 1℃～5℃为宜。马铃薯的茎叶也可做饲料,多半做成青贮料后利用,可以单独青贮,也可与玉米秸、高粱秸等混合青贮。

(四)栽培品种

各地品种很多,但因气候条件不同,选用品种也要因地制宜。北方一年一熟区多选用抗晚疫病、耐病毒病的中晚熟品种。如克新 1 号、晋薯 2 号、沙杂 15 号、跃进及高原 3 号等较好。

(五)营养价值和利用

马铃薯块茎含有 20%～30% 的干物质,其中大部分为淀粉,是极易消化的碳水化合物,粗纤维含量低,灰分中钾占 60%,维生素中 B 族维生素与维生素 C 较多,是猪的优良饲料。饲喂猪时煮熟比生喂好,增重快。作为牛、马饲料时可生喂。马铃薯中含有一种有毒物质——龙葵素生物碱,采食过多会引起牲畜中毒,所以给家畜饲喂新鲜马铃薯茎叶和块茎时应严格控制采食量。当块茎发芽或腐烂时,龙葵素生物碱的含量会急剧增加。因此,发芽的块茎一般不宜饲用,去掉嫩芽煮熟后再食用能降低毒性危害。马铃薯茎叶味道不佳,不宜鲜喂,最好制成青贮料利用,则可改善气味,以减少或消除毒素。马铃薯块茎是优良的多汁饲料,茎叶是粗饲料,其营养成分见表 5-3。

表 5-3　马铃薯的营养成分　(%)

类　别	水　分	粗蛋白质	粗脂肪	粗纤维	无氮浸出物	粗灰分
块　茎	79.5	2.3	0.1	0.9	15.9	1.3
茎　叶	71.6	4.6	0.5	5.9	11.5	5.9

四、芜　菁

芜菁又名莞根、蔓菁、根头菜、圆根、灰萝卜等。芜菁是一种耐寒的饲料作物。为古老的栽培根菜作物之一,距今已有 5 000 多年的栽培历史。我国是栽培芜菁最多的国家之一,南北各地都有种植。尤以云南、四川、青海、宁夏、内蒙古、黑龙江等高海拔和高寒地区较多。在青海省海拔 4 500 米的地方,仍能生长良好。春小麦收获后复种,还能在生育期不足

90 天的情况下,每公顷产块根 7 500 千克和簇叶 9 000 千克。因此,也是一种很好的填闲作物。

(一)植物学特征

芜菁是十字花科芥菜属二年生草本植物。第一年为营养生长期,第二年为生殖生长期。

1. 根 主根明显,膨大呈扁圆形或略近圆形的肉质块根。直径 10～30 厘米。根肉白色或黄白色,柔嫩多汁。肉根下部呈圆锥状。肉质根一半生长地上,另一半生长在土内。

2. 茎 茎直立圆形,高 80～120 厘米,自叶腋生出侧枝。

3. 叶 块根顶部具叶芽,由叶芽生出茎生叶数十片,形成多头状。茎生叶长达 20～40 厘米、宽 7～15 厘米,倒披针状,形如琵琶,下部羽状深裂,直达中肋;叶面具茸毛或短刺毛,叶缘波浪状,不整齐。第二年的茎生叶稍小,叶面常被白粉。茎直立、圆形、高 40～100 厘米,自叶腋生出侧枝。茎下部叶与茎生叶相似,上部叶长矩形,无裂片。

4. 花 总状花序顶生,花紫色或乳白色,花冠"十"字形。

5. 果实 长角果圆柱状,稍扁,长 3～6 厘米,先端具喙,喙长 0.8～1.5 厘米,成熟后常开裂。角内有种子 12～20 粒,种子小,直径 1～1.5 毫米,褐色或枣红色。千粒重 1.5～2克。

(二)生物学特性

芜菁属于长日照植物,耐寒性强,喜凉爽气候。播种当年生育期为 130～140 天,种根栽植至种子成熟的生育期为110～120 天。种子在 2℃～3℃时就能萌发,15℃～20℃时发芽较快。幼苗可耐 −2℃～−3℃的霜冻。成株遇 −3℃～

—4℃低温霜冻后仍能恢复生长。营养生长最适温度为15℃～18℃。高温干燥的气候生长不良,品质差。在昼夜温差较大的地区,对芜菁的生长和养分的积累有利。芜菁较甜菜、胡萝卜需水量少,年降水量 400～500 毫米的地方都能种植。叶片旺长期和肉质根膨大期需水分较多。根入土较深,具有一定的抗旱能力。芜菁对土壤要求不严,微酸、微碱土壤都能种植,最适宜的土壤 pH 值为 6～6.5。通常以土层深厚、排水良好,富含有机质的砂壤土和壤土为最适宜。

(三)栽培技术

1. 轮作和整地 芜菁不宜连作。瓜类、豆类和禾谷类作物都是它的良好前茬,同一块地应隔 2～3 年种植 1 次。一般要求深耕细耙,做到土地平整,土块细碎,并施足基肥,每公顷施腐熟厩肥 37 500～45 000 千克,翻地前均匀施入,同时配合施适量草木灰。

2. 播种 播前种子要消毒。可用 0.3％福尔马林液浸种 5 分钟,然后用清水洗净,阴干即可播种。播种方式有直播和育苗移栽两种。直播的要适时早播,春播在 3 月下旬至 4 月上中旬。播种方法多采用条播,也可点播,条播行距 40～50 厘米,株距 20～30 厘米,覆土 1～2 厘米。播种量 0.25～0.5 千克。高寒地区春季干旱多风,不利于出苗,可育苗移栽,育苗要选避风向阳地块做苗床,周围设置防风障。做畦时,畦宽 1.5 米、长 5～10 米,每公顷播种 4～6 千克,覆土 1.5～2 厘米,然后轻踩一遍即可。浇水后上面盖草帘或稻草,用以保温保湿。出苗后去掉覆盖物,加强管理。当幼苗长出 3～4 片真叶时,带土移栽,栽后立即浇水,容易成活。

3. 田间管理 直播的要及时间苗,在出现 3 片真叶时开始间苗,5～6片真叶时定苗。芜菁幼苗生长缓慢,应结合间苗中耕除草,后期中耕时要注意培土。生长前期以追施氮肥为主;生长中、后期主要是追施磷肥,每公顷施过磷酸钙150～225千克。生长中后期应根据降水多少适当灌溉,满足块根膨大时对水分的需要,通常保持土壤水分为田间持水量的60%～80%为宜。芜菁病害主要有白锈病、霜霉病等,可用波尔多液等进行防治。

4. 收获、保藏和留种 关键是掌握在霜前收获,避免块根受冻。收获时尽量避免碰伤块根,以增强耐贮性。南方冬季不冷地区,收获后切去叶片堆在室内即可安全保藏,随用随取。北方则用开沟埋土保藏法或地上堆贮盖草法。在块根收获之前,也可在生长期少量擗叶利用,即当植株外围叶片开始转黄时,分批采叶饲用。留种用芜菁不宜擗叶。芜菁产量高,每公顷产根叶 37 500～67 500 千克,水肥条件充足时可高达75 000 千克以上。

留种块根要选择个体完整,大小中等,具有品种代表性的。将母根窖藏越冬,贮藏期间要注意防止受冻和腐烂。翌年 4 月中下旬栽种。株行距为 40 厘米×30 厘米,种株抽薹开花时应及时灌溉和追施磷、钾肥,并进行中耕除草和培土。当植株有 1/3 的角果变黄时,即可收获种子,种子每公顷产750～1 500 千克。芜菁为异花授粉植物,采种时,不同品种间距离应在 1 000 米以上,避免杂交混杂。

(四)营养价值和利用

芜菁味甜,多汁,适口性好,为牛、羊、猪、兔所喜食。芜菁块根含干物质较多,比胡萝卜高一倍,比饲用甜菜也高 50%,作为冬、春多汁饲料,对家畜生长发育十分有利,特别是对奶牛泌乳更有良好的促进作用。芜菁叶可以随掰随用,也能满足家畜对青饲料的需要。芜菁是优质高产的多汁饲料,其营养成分见表 5-4。

表 5-4　芜菁的营养成分　(%)

类　别	水　分	粗蛋白质	粗脂肪	粗纤维	无氮浸出物	粗灰分
块　根	83.2	1.3	0.3	2.6	11.6	1.0
叶	75.8	3.7	0.9	1.9	14.1	3.6

(五)国内登记品种介绍

玉树莞根　审定登记年份:2004 年。品种来源:青海省铁卜加草原改良试验站从 1962 年起,开始对当地栽培种植历史悠久的地方品种进行筛选、评价鉴定整理后申报审定的地方品种。品种特征特性:十字花科芸薹属二年生植物。种植第一年形成母根,翌年抽薹、开花、结实,完成整个生育期。根上部膨大成块状、扁球形、直径 10~30 厘米,根皮白色,上半部呈紫色或红色,块根顶部具有短缩茎 1~15 个,茎直立。株高 80~120 厘米,分枝多。基生叶匙形,长 20~40 厘米。圆锥形总状花序,顶生,花黄色。长角果圆柱形,稍扁,长 3~6厘米,内含种子 20~30 粒;种子暗紫色或枣红色,千粒重 2~2.5 克。块根含粗蛋白质 7.74%,粗脂肪 1.79%,粗纤维15.48%,无氮浸出物 69.04%,粗灰分 5.95%;叶干物质中含粗蛋白质 15.29%,粗脂肪 3.72%,粗纤维 7.85%,无氮浸出物 58.27%,粗灰分 14.87%。块根及茎叶营养丰富,适口性好,为牛、羊、猪所喜食。耐寒性强,苗期可耐受 -5℃~-3℃的低温。每公顷产鲜根叶 45 000~67 500 千克。适应地区:青藏高原海拔 3 000~4 200 米,年平均温度 -5℃~4℃的高寒地区。

五、胡 萝 卜

胡萝卜又名红萝卜、丁香萝卜、黄萝卜等。是重要的根菜类及多汁饲料。原产于欧洲及中亚一带,栽培历史有 2 000 多年,现在世界各地普遍种植。据记载,引入我国已有 2 000 多年,全国各地都有种植,而以陕西、山西、山东、河北、宁夏、四川、江苏、浙江等省、自治区较多。胡萝卜菜用时,可生食、炒食,胡萝卜根及叶都是优良饲料。

(一)植物学特征

胡萝卜为伞形科胡萝卜属二年生草本植物。第一年形成茂密的簇生叶及肉质根,第二年开花结实。

1. 根 根系发达,入土深,播后 40～60 天主根入土深 60～70 厘米,到收获时可达 2 米深。主根肥大形成肉质根,呈圆柱形、圆锥形或纺锤形,分根头、根颈及根体三部分,有紫、红、橘黄等颜色。

2. 茎 第一年茎是短缩茎,第二年抽薹后株高可达 1 米左右。

3. 叶 叶为三回羽状复叶,全裂,色深绿,具叶柄,表面密被茸毛。因叶裂片细碎面积小,蒸腾作用较弱,故较耐旱。

4. 花 复伞形花序。每花序小花多,花白色、5 瓣,雄蕊 5 枚,雌蕊 2 枚。

5. 果实 果实为双瘦果,果面有毛。果扁平,呈长椭圆形,有刺毛。果皮中含香精油。千粒重 1.2～1.5 克。

(二)生物学特性

胡萝卜喜温和冷凉气候,幼苗较耐寒。种子发芽的最低温度 4℃～6℃,需 28～30 天发芽;18℃～25℃时 5 天即可发芽。幼苗能耐短期－3℃～－5℃低温。茎叶生长的适宜温度为 23℃～25℃,肉质根生长适温为 13℃～18℃,在此温度范围内,生长快,品质好。如果超过 25℃,肉质根的颜色较淡,末端尖,品质差。低于适温也会生长发育不良。胡萝卜较耐旱。种子发芽及苗期需要适当的水分保证出苗及幼苗生长发育。当根系充分发育后比较耐旱。在肉质根膨大时又需要较多水分,但怕积水,不耐涝。胡萝卜要求土层深厚,富含有机质。排水良好的砂壤土,生长较好。对土壤酸碱度适应性较强,其适应范围为 pH 值 5～8。胡萝卜为长日照作物,光照不足会导致产量下降、品质变劣,越冬后在 14 小时长光照下才能抽薹开花结实。

(三)栽培技术

1. 轮作、整地、播种 胡萝卜多与禾谷类、豆类作物以及叶菜类及瓜类作物轮作。胡萝卜地应深耕细耙,施足基肥,使土壤疏松平整并有较多的有机质。播种期多在夏季,并于冬前收获,生长期短的地区往往在 6 月上中旬播种。播种方法有条播和撒播两种。大面积种植时用条播,行距 20～30 厘米,开沟播种,覆土厚 2～3 厘米,每公顷播种量 10 千克。畦种时用撒播,播种后浅覆土或覆盖碎草和秸秆。做畦播种便于灌溉排水和管理,每公顷播种量 15～22.5 千克。胡萝卜种子上有刺毛,容易互相粘连,播前应搓掉刺毛,并使两半果分开成为单粒种子,并混以干沙或细土能使播种均匀,催芽后播种可提前出苗。

2. 田间管理　胡萝卜出苗后 2～3 片真叶时,开始间苗,4～5 片真叶时即可定苗,株距 12～15 厘米。每次间苗时都应拔草和中耕松土。在肉质根膨大时追肥,可施腐熟的人粪尿,也可施用化肥,施化肥时氮肥与磷、钾肥配合施用。胡萝卜喜水,多实行灌溉栽培,生长前期不宜多浇水。肉质根膨大时需要足水足肥,浇水时要防止忽干忽湿,以免引起肉质根破裂。生长后期应停止浇水。后期中耕时还要进行培土。

3. 收获与保藏　北方寒冷地区应在霜冻来临之前收获,以防受冻,不耐贮藏。一般在胡萝卜心叶黄绿色、外叶稍有枯黄时,根已长成即可收获。南方能在露地越冬的,可随用随收。每公顷胡萝卜块根产量为 37 500 千克左右,叶产量约15 000千克。一般采用窖贮。入窖前先将块根晾晒 1 天,选无碰伤、无腐烂的肉质根,削去茎叶,层层摆放在土壤结冻线以下,窖温控制在 1℃～4℃,相对湿度 85%～95%,每隔30～50 天倒 1 次窖,及时剔除烂根。

4. 采种　收获时留母根,选根形整齐、大小适中、无病虫害、符合本品种性状的肉质根留种。翌年春季穴栽,行株距40 厘米×40 厘米或 50 厘米×40 厘米,栽后覆土浇水。花茎抽出后常产生很多侧枝。由于主茎先开花,侧枝后开花(前后相差 20～25 天),所以种子成熟也不一致。为了解决这个问题,必须整枝,每株留下主茎和 2～3 个健壮侧枝,去掉其余分枝。当种子开始发黄时即可采收,晒干脱粒,贮藏备用,每公顷可产种子 600～750 千克。

(四)栽培品种

胡萝卜农家品种较多,外形可分圆柱形和圆锥形两种类型,各地均有良种。常见的品种有南京红胡萝卜、安阳胡萝卜、西安红胡萝卜、济南红胡萝卜、北京鞭杆红胡萝卜、平定胡萝卜以及雁脖胡萝卜等。胡萝卜以橘红色及橘黄色的较好,含胡萝卜素较高。

(五)营养价值和利用

胡萝卜除含有下表中所述营养成分外,还含有丰富的维生素和糖分,特别是含胡萝卜素较高,每千克根中有 112～180 毫克。胡萝卜素进入家畜体内后即可转化为维生素 A,供畜体利用。胡萝卜叶含蛋白质较高,也是优良的青饲料。胡萝卜柔嫩多汁适口性好,容易被畜禽吸收和消化,能促进幼畜正常生长,提高种畜的生产能力,有利于产仔、产蛋、产乳等,是冬、春季节重要的维生素来源,适合饲喂牛、羊、猪、兔、鸡等各种畜禽。一般都是切碎生喂,也可将根及叶青贮后利用,效果都很好。胡萝卜是营养价值较高的多汁饲料,各种畜禽均爱吃,其营养成分见表 5-5。

表 5-5　胡萝卜的营养成分　(％)

类　别	水　分	粗蛋白质	粗脂肪	粗纤维	无氮浸出物	粗灰分
根	92.90	1.74	0.09	1.08	3.37	0.82
叶	81.94	3.87	0.09	3.34	6.99	3.77

六、菊　芋

菊芋又名洋姜、鬼子姜、姜不辣等。是一种饲用及菜用植物。原产于北美,后经欧洲传入我国,现在欧洲、美洲、亚洲都有种植。我国分布极为广泛,从海南岛到黑龙江省都可见到,多半在房前屋后、田边地角零星种植,管理简便,产量较高,是很受群众欢迎的一种作物。块茎及茎叶都可作为饲料,也可用做蔬菜食用,块茎还可作为制造酒精的原料。

(一)植物学特征

菊芋是菊科向日葵属一年生草本植物。植株高可达3米,有许多分枝,茎上有刚毛与向日葵相似。

1. 根 根系极发达,分枝多,直根系,深入土中。

2. 茎 茎直立,高1~3米,具有地下蔓茎。根茎上长出许多匍匐茎,其顶端能膨大形成块茎,形似马铃薯,有梨形、纺锤形或呈不规则瘤形,突起部分有芽眼,一个芽眼可长出一个嫩芽,皮黄白色或淡紫红色,肉白色多汁。

3. 叶 呈卵圆形或长圆形,上部叶互生,下部叶对生,叶片长15~20厘米,顶端尖锐边缘有锯齿,下部叶的叶脉及叶柄密生茸毛。

4. 花 花为头状花序,生于顶端,花盘直径3~6厘米,花盘外围为舌状花,内为两性筒状花,雄蕊5枚,雌蕊1枚。多不结实,在南方温暖地方可少量结实。生产上都用块茎无性繁殖。块茎一般重50~70克,大者100克以上。每株有块茎15~30个(图5-2)。

(二)生物学特性

菊芋属于短日照植物。其适应性很强,能在不同的气候土壤条件下生长。块茎发芽的最低温度为6℃~7℃,最适温度为15℃~17℃。幼苗抗寒力较强,能耐－2℃的低温,秋季遇低温和霜冻时,茎叶受冻害,地上部停止生长并枯萎,但块茎能耐－30℃的低温。因此,东北地区留在土中越冬的块茎不致死亡。形成块茎的最适温度为18℃~22℃。菊芋抗逆

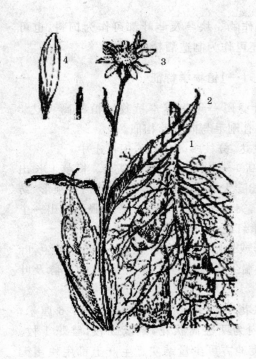

图5-2 菊芋

1.根 2.叶 3.花 4.块茎

性强,耐旱也耐瘠,对土壤要求不高,薄地、荒地均可种植,粗放管理条件下,仍能获得较好产量。

菊芋生育期较长,从发芽生长到块茎成熟可达6~7个月。一般在出苗后30~40天,根茎开始长出匍匐茎、粗细均一、70~80天时,匍匐茎顶端开始膨大形成小块茎,然后不断长大也不断形成,一直延续到地上部停止生长之前。块茎着生处有的集中在根系周围,有的较为分散,因品种及土壤条件而异。菊芋具有一定的休眠期,一般休眠期为70~80天。

(三)栽培技术

1. 整地、轮作、播种 菊芋通常种于宅旁路边,播种一次利用十几年,主要依靠遗留在土中自然越冬的块茎继续繁殖,有时误认为菊芋为多年生植物。由于种菊芋地长期利用又粗放管理,甚至不加管理,地力消耗过大,往往造成土壤板结,养分贫乏而使产量下降。因此,菊芋后茬应种豆科作物,以增加土壤有机质,并恢复和提高地力。菊芋虽然抗逆性强,但如给予良好的栽培条件,则可提高产量。因此,播种地应深耕并施农家肥为基肥,然后播种。播种用小块茎和薯下种;选用30～40克的健康块茎,行距60～70厘米,株距40～50厘米,覆土5～8厘米,每公顷播种量800～1 200千克。播种时期多在春季,化冻后即可播种。

2. 田间管理 菊芋从播种到出苗需30～40天,其间易发生杂草危害,中耕培土是一项重要工作,可以及时消灭杂草,保持土壤疏松,增厚根部土壤,为块茎的生长创造有利条件,并且还能防止倒伏。菊芋每穴出苗较多,应及时间苗,每穴留3株苗比较合适。当顶端出现花蕾时,要及时摘掉,以减少养分消耗。灌溉须在苗期、现蕾期和盛花期结合追肥进行,茎形成期需水较多,要求土壤持水量达到50%～60%。

3. 收获 菊芋下部叶子枯黄时,块茎已经成熟可以收获,先刈割地上部,大部分茎叶还是绿色,可以作为青饲料,也可制成青贮料。菊芋收获后应立即窖藏,以免干枯。窖藏的温度以0℃较合适,超过5℃会发芽。也可以埋在土里贮藏,-10℃～-20℃都不会冻坏。一般情况下,每公顷可收块茎22 500～30 000千克,茎叶15 000千克以上。遗留在土中的块茎,翌年仍然可以发芽生长。

(四)营养价值和利用

菊芋块茎中含有较多的糖、少量淀粉、维生素等,是优良的多汁饲料。菊芋中的复合果糖有利于猪肠道里有益微生物的生长繁殖,因而可减少猪粪中的不良气味。其块茎还可用来制作饲料酵母,20 000千克块茎可生产出13 000千克的酵母蛋白。其块茎可以饲喂猪、鸡、牛、羊、兔等畜禽,最适于饲喂猪,生喂熟喂均可,而且还可以在菊芋地放牧。茎叶也是优良的青饲料,也可刈割利用。为了不影响块茎产量,应在下部叶出现枯黄时再割取上部叶利用。菊芋的营养成分见表5-6。

表 5-6　菊芋的营养成分　(%)

类　别	水 分	粗蛋白质	粗脂肪	粗纤维	无氮浸出物	粗灰分	钙	磷
块　茎	72.8	3.2	1.0	3.2	16.6	3.2	0.045	0.041
茎　叶	81.8	2.0	1.1	4.5	7.7	2.9	0.057	0.032

七、蕉　芋

　　蕉芋又名藕芋、蕉藕、蕉茅、姜芋等。因其植株像美人蕉,故称蕉藕。原产于印度尼西亚爪哇,引进我国栽培已有数十年。主要分布在广西、云南、贵州、四川、福建、浙江、湖南、湖北等省、自治区。蕉芋的根、茎、叶均能作为饲料,花还可以用做蔬菜,块茎除作为饲料外,还可加工淀粉、酿酒、制醋等。因此,蕉芋是一种经济价值很高的饲料作物。

(一)植物学特征

　　蕉芋为美人蕉科美人蕉属多年生草本植物。

　　1. 根　根系发达,具多量白色须根。

　　2. 茎　茎有地上茎和地下茎。地上茎柔嫩多汁,株高3～4米,分蘖多,每株 10～20 个枝条。地下根状茎形似芋头,有节、茎节短、节具鳞叶,嫩黄色,多肉质。

　　3. 叶　叶片大,长椭圆形,单叶,互生,每株十余片。中脉明显,侧脉为平行脉。叶鞘宽而长。

4. 花　总状无限花序。花鲜红色,后变为橘红色,9～13朵小花。雄蕊 1 枚,雌蕊 1 枚,柱头黄色、舌状。

5. 果实　果实为三棱形蒴果,状如荔枝,黑皮,坚硬。内有胚珠数十粒,仅有少数发育成为种子。

6. 种子　种子大小如豌豆,种皮褐色、坚硬。

(二)生物学特性

蕉芋原产于热带,喜温暖气候;不耐寒,遇轻霜则茎叶枯萎。华南地区可在田间自然越冬,长江流域秋季则需收获块茎贮藏过冬。因此,成为一年生植物,每年用块茎栽种进行无性繁殖。蕉芋生育期需要较高的温度,当气温达到 10℃ 以上时块茎开始萌发,适宜的发芽温度为 14℃～16℃,温度为 20℃～24℃ 时可以缓慢生长,30℃ 左右时生长最快。块茎形成和生长的适宜温度为 11℃～25℃,如遇 10℃ 以下的温度则逐渐枯萎。蕉芋不仅需要的温度高,而且由于植株高、茎叶肥大、需水量也多。因此,适宜在高温多雨的南方种植。蕉芋对土壤要求不严格,可在新垦地及荒地种植,并能获得一定产量。蕉芋怕涝,长期积水,轻则使植株发黄,重则全株腐烂。所以应选择地势较高、干燥,又能排水的砂壤上种植较好。

(三)栽培技术

1. 整地、栽种　蕉芋根系发达,地下茎可发育成很多块茎。因此,也要求土地深耕耙碎,使土壤疏松平整。整好地后常开沟做畦栽种,以利于排水。块茎要选择个体肥大、根多、芽端稍带红色、无病虫害的作为种用。栽种时期多在春季,温暖地区也有冬种的,当气温达到 10℃ 以上时即可进行。一般采取穴栽,行距 120～150 厘米,株距 60～100 厘米,每公顷栽

7 500～10 500 株,块茎用量 750～1 050 千克。

2. 田间管理 蕉芋需肥多,应施大量农家肥作为基肥,生育期内还应追肥 2～3 次,追肥可用稀薄的人粪尿,也可用化肥。前期以施氮肥为主,促茎叶生长;后期要结合施用磷、钾肥,促进块茎的发育。生长期间要注意中耕除草和松土,并结合培土,以加厚根部土层,避免根部积水,促进块茎生长,又能防止倒伏。遇干旱时及时灌溉,雨水过多时要及时排涝,后期保持田间干燥,有利于淀粉积累。

3. 收获与贮藏 在温暖地区蕉芋可在田间越冬,而将地上部茎叶刈割作为饲料,块茎随用随挖取。不能自然越冬的地区,应在霜前刈割地上部茎叶,挖出块茎贮藏。在室内或室外贮藏均可,埋在土里要以保持一定温度,使块茎不干又不受冻为原则。蕉芋产量较高,每公顷可产块茎 30 000 千克,产茎、叶 45 000 千克。

(四)营养价值和利用

蕉芋幼嫩茎叶是猪的好饲料,多半切碎或打浆饲喂,块茎生喂熟喂都可以,也常常用来加工淀粉及酿酒,然后用粉渣、酒糟饲喂猪。蕉芋也可用来饲喂牛、羊等家畜,茎叶也可用做兔及鱼的饲料。蕉芋是含碳水化合物较多的饲料,100 千克蕉芋干片相当于 74 千克玉米的可消化总能,用做催肥相当于 69 千克玉米的营养价值。所以蕉芋块茎可代替精料作为猪的催肥饲料。蕉芋块茎富含淀粉,每 100 千克鲜块茎可提取淀粉 12～13 千克,淀粉可用做粉条、粉皮的原料,还可以加工成各种糕点。每 100 千克蕉芋干片可酿造 45°白酒 54 升,酒渣和粉渣均可作为饲料。蕉芋茎叶富含长纤维,可以用做制绳、编织草袋、造纸原料等。因此,蕉芋具有多种用途。蕉芋的营养成分见表5-7。

表 5-7 蕉芋的营养成分 （%）

类 别	水 分	粗蛋白质	粗脂肪	粗纤维	无氮浸出物	粗灰分
块 茎	7.5	4.7	0.7	4.5	77.5	5.1
茎 叶	82.7	3.7	1.2	3.3	6.5	2.6
粉 渣	95.2	1.0	0.2	0.6	2.7	0.3

八、南　瓜

南瓜又名倭瓜、窝瓜。是食用瓜类作物,也是广泛应用的饲料作物。我国栽培的南瓜有三种,即中国南瓜(也称南瓜)、荀瓜和西葫芦。但以中国南瓜最为普遍。南瓜原产于亚洲东南部,印度、马来西亚、日本及中国栽培较多。我国从南到北均有种植,主要为菜用、饲用,其种子里富含脂肪及蛋白质等,常加工成小食品南瓜籽。南瓜的花和叶也用做蔬菜和饲料。黑龙江省栽培的还有一种饲料南瓜,个体大,水分多,产量高,碳水化合物及糖分较低,多在猪场种植作为冬、春季的主要饲料。

（一）植物学特征

南瓜为葫芦科南瓜属一年生草本植物。

1. 根　根系发达,直根系,入土深达 2 米。侧根多,分布广。

2. 茎　茎节易发生不定根。茎蔓粗大、中空,长 3～5 米,分枝性强。

3. 叶　叶片宽大肥厚、圆形或近于心脏形,互生,绿色。叶面粗糙有茸毛,叶柄细长而中空。叶腋处着生雌雄花、侧枝及卷须。

4. 花 花单性,黄色。雌雄同株异花,雄花比雌花多而开放早。

5. 果实 为圆形、扁圆形、圆筒形或梨形等。老熟瓜为红褐色、黄褐色或有斑点条纹(图5-3)。

6. 种子 扁平,白色或淡黄色。千粒重为150～300克。种子寿命为5～6年。

图 5-3 南 瓜
1.茎叶 2.雄蕊 3.雌花
4.雄花 5.雌蕊 6.果实

(二)生物学特性

南瓜为短日照植物,喜温暖湿润、阳光充足的气候。种子在15℃时开始发芽,发芽的适宜温度为20℃～25℃。生长的适宜温度为18℃～32℃,超过35℃则花器不能正常发育。南瓜不耐寒,生育期间遇低温霜冻即死亡,生育期大于或等于10℃的有效积温为1 800℃～3 200℃。南瓜根群强大,有一定耐旱力,但又因其根深叶茂,生长快,蒸发作用强,消耗水分多,需要供应较多水分。开花期间如果雨多,则影响授粉,造成落花落果。对土壤要求不严格,在瘠薄地上种植可以利用其强大的根系从中吸收大量营养物质,获得一定产量。在肥沃的壤土栽培则可获得高产。

(三)栽培技术

1. 轮作、整地、播种 南瓜多与粮食作物或蔬菜轮作,也可间套种。由于南瓜抗逆性较强,可在房前屋后、田边地角及荒地种植。南瓜虽耐粗放,但要获得高产量,还应深耕细耙和施足基肥,为植株良好发育创造有利条件。播种可以直播,也可育苗移栽。播种时的行株距因品种而异,一般为 60 厘米×80 厘米或 80 厘米×100 厘米。穴播,每穴 3~4 粒种子,每公顷播种量为 4.5 千克,覆土厚 3 厘米。

2. 田间管理 南瓜在出苗后或移栽成活后要注意中耕除草,还要培土,以保证幼苗顺利生长。另外,要结合追肥进行灌溉。南瓜生长期间适当摘心对增产有一定效果,摘心可抑制顶端生长而产生许多侧蔓,然后整枝留 2~4 蔓生长。每蔓保留 1~2 个瓜。南瓜为异花授粉植物,进行人工辅助授粉,可提高结果率。特别在开花期遇阴雨天时更为重要。授粉方法是摘下刚开的雄花放在雌花上,使花粉落在柱头上而受精。授粉最好用大量雄花的混合花粉,这样能提高受精率,还可改良品种,增加产量。

3. 收获 南瓜发育到一定程度即可收获利用,老瓜嫩瓜均可作为饲料。老瓜要在瓜藤开始枯黄、瓜皮硬化并挂白粉、瓜梗变黄变硬时采收。瓜藤也可作为粗饲料或调制青贮料利用。每公顷产南瓜 30 000～45 000 千克(高产的可达105 000～120 000 千克),产种子 1 050～1 200 千克,产瓜藤15 000～22 500 千克。

4. 栽培品种 各地农家品种较多,可因地制宜选用,一般食用南瓜都可作为饲料用,如南京的大磨盘南瓜、河北的老南瓜、黑龙江的面窝瓜等。南瓜的干物质含量高,可代替部分精料饲喂猪。黑龙江省从国外引进的饲料南瓜个体大(每个10~20千克),产量高(每公顷37 500~60 000千克),水分多,糖分及蛋白质含量略低。已从这个品种中选育出一个新品种——龙牧18号饲料南瓜,在质量与品质上比原品种都有所改善。

(四)营养价值和利用

南瓜是优良的多汁饲料,可以切碎直接饲喂猪、鸡、牛等畜禽,饲喂奶牛可以增加产奶量及牛奶中的脂肪含量。瓜藤多半调制成青贮料,可以单贮,也可与其他牧草混合青贮,作为马、牛、羊、兔的饲料。南瓜具有较高的营养价值,富含淀粉、糖分及维生素。南瓜的营养成分见表5-8。

表5-8 南瓜的营养成分 (％)

类 别	水分	粗蛋白质	粗脂肪	粗纤维	无氮浸出物	粗灰分	钙	磷
鲜 瓜	90.7	1.2	0.6	1.1	5.8	0.6	0.03	0.01
瓜 藤	82.5	1.5	0.9	5.6	7.7	1.8	0.07	0.04
饲料南瓜	93.5	0.9	0.1	0.7	4.4	0.4	—	—

(五)国内登记品种介绍

龙牧18号饲用南瓜 审定登记年份:1988年。品种来源:由黑龙江省畜牧研究所在1973年以当地推广品种叙利亚南瓜为材料,用秋水仙素诱变处理后选育而成。品种特征特性:该品种每株结的南瓜大小整齐一致。橘黄色,圆形,瓜肉厚6~7厘米,平均单瓜重10千克左右。鲜瓜干燥率为6.56％,比对照(5.83％)提高12.5％。蔓长5~6米,蔓上生有30~45片近似三角形的叶片,叶片枯萎期较晚。花筒比一般品种大1厘米左右。有较强的抗旱能力。生育期110天左右。每公顷产鲜瓜 60 000～75 000 千克。适应地区:黑龙江省西部地区和松江平原地区均有栽培。

九、佛手瓜

佛手瓜又名洋茄子、棒瓜、洋丝瓜、土耳其等。原产于墨西哥及西印度群岛一带。1916 年由缅甸引入我国云南省,后传入贵州、广东、广西等省、自治区种植,现仍以云贵两省为多。佛手瓜是蔬菜、饲料兼用的作物,藤叶与瓜均能利用。

(一)植物学特征

佛手瓜为葫芦科佛手瓜属多年生宿根性攀缘植物。

1. 根　根系最初是弦线状须根型,后随着生长逐渐加粗伸长,形成半木质化侧根。侧根长而粗并向四周扩展,二年生侧根可长达 4 米以上,偶尔也可形成块根。

2. 茎　茎长,分枝多,主蔓可长达 10 米以上,每节都有分枝,蔓横径圆形、绿色,有不明显的纵棱。

3. 叶　叶互生,掌状五角,绿色,全缘。叶面较粗糙,背面的叶脉上有茸毛。

4. 花　雌雄同株异花,雄花较早出现在子蔓上,雌花则着生在孙蔓上。雄花序轴长 8～18 厘米。雄花 10～30 朵,雌花每节 1 朵。

5. 果实与种子　果实有明显纵沟 5 条,把瓜分成大小不等的五大瓣,先端有一条缝合线。瓜表面粗糙,上有小肉瘤和刚刺。果实无后熟和休眠期,成熟后如不采收,种子在瓜内就会萌发长出芽来,叫做胎萌。每个瓜内只有 1 粒种子,种子扁平,纺缍形(图 5-4)。

(二)生物学特性

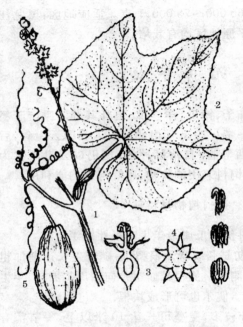

图 5-4　佛手瓜
1. 茎　2. 叶
3. 雌花　4. 雄花　5. 果实

佛手瓜喜温暖潮湿气候,但不耐高温,夏季凉爽、早霜较迟的云贵高原等地区都能种植,其生长繁茂,产量也高。长江以北及华东地区,冬季寒冷,夏季炎热,不宜种植。佛手瓜的种子在气温达 15℃ 以上时开始发芽,22℃~32℃ 为最适生长温度。不耐低温,遇霜即枯萎。佛手瓜要求深厚疏松肥沃的土壤,不耐旱,不耐涝,也不耐瘠。佛手瓜是一种典型的短日照植物,在长日照下不开花结实。

(三)栽培技术

1. 整地、栽种　佛手瓜多种在房前屋后、沟边、树旁能搭架爬蔓的地方,栽种后可连续利用 10~20 年。因此,要求播种地深耕施肥。栽植时挖穴,穴深、宽各 1 米,施足农家肥和磷、钾化肥作为基肥,播种时每穴放种瓜 1 个。种瓜时要选择已发芽的种子以保证出苗,平放或柄端向下,然后覆土。播种后一般不需要浇水,利用瓜本身的水分即可发芽。也可用光胚(就是用去掉皮的种子)播种,出苗后要加强管理,也能生长良好。除用种子直播以外,还可采用分株繁殖和压条繁殖方法。

2. 管理与采收　田间管理,除了中耕、除草、施肥外,搭架引蔓上架也要及时。每年春季萌发前,还要施 1 次农家肥作为基肥,以提供当年所需的营养,并可根据长势给予追肥。1 年生以上的植株,春季萌发枝条较多,一般应留 2～3 条健壮的枝条,其余摘除,以免过于拥挤,影响产量。佛手瓜花期长,结瓜期也长,可分批采收。播种后第三年进入旺收期,每株可产瓜 15 千克,高的达 50 千克,可以连续收获 10～20 年。

(四)栽培品种

我国栽培的有两个品种:一是绿皮。生长势强,蔓粗壮而长,结果多,丰产,并能产生块根,瓜形较长而大,上有刚刺,云南省栽培较多。二是白皮。生长较弱,蔓较细而短,结瓜少,产量较低,瓜形圆而小,光滑无刺,味较佳,糯性,云南、浙江等省都有栽培。

(五)营养价值和利用

佛手瓜中碳水化合物含量丰富,淀粉多,出粉率为干重的 25%～30%,可以作为精料饲喂猪,鲜瓜生喂熟喂均可。其茎叶粗蛋白质含量高于瓜的含量,占绝对干物质的 19.5%,也是很好的青饲料,还可调制成青贮料利用,适口性更好。佛手瓜鲜嫩多汁,适口性好,其营养成分见表5-9。

表 5-9　佛手瓜的营养成分　（%）

类　别	水　分	粗蛋白质	粗脂肪	粗纤维	无氮浸出物	粗灰分	钙	磷
瓜	92.9	0.8	0.6	0.3	5.1	0.3	0.04	—
茎　叶	88.7	2.2	0.4	2.0	4.8	1.9	0.40	0.06

十、木　薯

木薯又叫树薯、树番薯。原产于巴西的亚马孙河流域,在南美热带地区分布较多。19世纪引入东南亚,而后引进我国南方。目前,在我国主要分布在北回归线以南的广东、广西、云南、福建、台湾和湖南南部等地。

(一)植物学特征

木薯为大戟科木薯属多年生直立亚灌木。

1. 根　具块根、须根和粗根。块根呈纺锤状或圆柱状,根皮呈紫色、白色、灰白色、淡黄色等。

2. 茎　茎直立,具节,茎节上有芽点,是潜伏芽,可以用做种苗。茎粗2~4厘米,株高为1.5~3米。

3. 叶　单叶互生,呈螺旋状排列。叶柄长30厘米。叶片掌状,3~7个深裂或全裂。

4. 花　圆锥花序顶生或腋生。花单性,雌雄同株。雄花黄白色,雌花紫色。

5. 果实与种子　蒴果,椭圆形,长为1.5厘米,有6条纵棱。种子扁长,似肾状,褐色,千粒重57~79克。

(二)生物学特性

木薯在热带地区为多年生,在有霜冻地区为1年生。年均气温为 18℃、无霜期 7 个月以上、年降水量为 300 毫米以上地区均可种植。发芽最低温度 16℃,24℃生长良好。大于或等于 40℃、小于或等于 14℃时则生长发育受抑制。木薯根系发达,耐旱,年降水量 350～500 毫米就能满足它对水分的要求,但过于干旱,块根养分贮藏不足,产量下降。它喜欢湿润,比较适合在年降水量 1 000～2 000 毫米的地区种植生长。木薯喜光,若光照不足,茎叶徒长,块根产量低。对土壤要求不严格,各类土壤均可种植。

(三)栽培技术

木薯适宜在土层深厚、疏松、排水良好的土地上种植。播种前每公顷施腐熟的农家肥 30 000 千克用做基肥,起土做成 70～100 厘米的畦,进行栽植。种茎要求充分老熟、粗壮、节间短、无病虫害、表皮无损坏,截成带有 3～5 个芽点、长为 15～20 厘米的小段。扦插方式有直插、斜插、平插,覆土厚 2～3 厘米。每公顷扦插 12 000～15 000 株。插植约 30 天后若出现同一种茎中小苗丛生,进行定苗,摘除弱苗,保留 1～2 株壮苗。出现缺株要及时补插。种植 50～60 天以后中耕除草,并结合培土。70～80 天要进行第二次培土,并及时摘顶芽。木薯对氮肥、钾肥敏感。因此,生长期间要注意追施氮肥、钾肥。收获期为 11～12 月份,收获时注意不要损伤块根。收薯后的种茎要放在背风、保温处,或用干稻草覆盖越冬,以备翌年用做种苗。

(四) 营养价值和利用

木薯的块根含淀粉 92.2%,叶片中含粗蛋白质 19.3%,叶片和块根粗纤维含量都很低,因此是良好的饲料。但木薯含有氢氰酸,对畜禽有毒害作用,所以要经过处理后才能饲用。处理方法很简单,即将叶片和切片的块根晒干,氢氰酸就可基本消失,再经粉碎后可直接利用。块根还可以榨取淀粉,其薯渣经水漂洗数次后毒素含量则降至很低水平,可饲喂畜禽。在鸡日粮中添加 10%薯渣,效果良好。此外,木薯叶还可以用来饲喂木薯蚕。

(五)国内登记品种介绍

1. 华南 5 号木薯 审定登记年份:2000 年。品种来源:由中国热带农业科学院农牧研究所从来源于木薯 ZM8625×SC8013 的杂交 F_1 代的优良单株的无性系后代中经无性系多代评选而育成。品种特征特性:顶端分杈较早,分枝部分较低,分杈角度较大,株型呈伞状,株高 2~3 米,成熟老茎灰色。单叶掌状深裂,裂片线形至披针形,叶柄红带绿色。结薯集中,掌状平伸,浅生。薯块粗壮,大小均匀,大薯率高。薯外皮浅黄色,内质粉红色,块根干物质含水量 37%~42%,淀粉 28%~32%。氢氰酸含量 50~70 毫克/千克。适应性强,中早熟。有良好的块根和茎叶产量。耐旱、耐瘠薄,经 90 天长期干旱,久晒不死,可在 pH 值 4~8 的土壤条件下生长,无流行性病虫害发生。种茎耐贮存,发芽力强,出苗快,生长整齐,是一个薯草(叶)兼用的高产优质品种。平均每公顷产鲜薯 35 000~40 000 千克。适应地区:平均温度在 18℃以上、无霜期 8 个月以上的南亚热带地区均可种植。

2. 华南 6 号木薯 审定登记年份:2001 年。品种来源:由中国热带农业科学院农牧研究所 1990 年用引自泰国木薯 OMR33-10 自然杂交种子繁殖选育优良单株的无性系后代经多代无性系系统选育而成。品种特征特性:株高 1.5~2 米,顶端分枝部位高,分枝短而角度小,株型紧凑。茎圆形,表皮灰褐色。单叶互生,呈螺旋状排列。叶片掌状深裂,裂片5～7个,披针形,暗绿色。叶柄红色。结薯集中,掌状平伸。薯块粗壮,大小均匀,大薯率高。块根干物质含量38%～41%,淀粉含量30%～34%,粗蛋白质含量1.2%,氢氰酸含量50～60毫克/千克。该品种无流行病虫害发生,耐旱,抗风性能好,在pH值4～8的土壤条件下生长良好。平均每公顷产鲜薯30 000～43 000千克。适应地区:平均温度在18℃以上、无霜期8个月以上的热带和南亚热带地区均可种植。

3. 华南7号木薯 审定登记年份:2004年。品种来源:由中国热带农业科学院热带作物品种资源研究所1987年利用木薯华南205的自然杂种F_1代优良单株的无性系后代经多代无性系系统选育而成。品种特征特性:株高2～3米,顶端分枝部位高,分杈角度较大,株型呈伞形,一般分杈3～4个。嫩茎五棱形,外表皮红褐色,内表皮浅绿色。单叶互生,呈螺旋状排列。叶片掌状深裂,裂片披针形,暗绿色。叶柄红色。结薯集中,掌状平伸。薯块粗壮,大小均匀,大薯率高。块根干物质含量33%～39%,淀粉含量26%～32%,粗蛋白质含量1.2%,氢氰酸含量50～75毫克/千克,嫩茎叶含粗蛋白质19%～36%,适口性好。该品种无流行病虫害发生,耐旱,在pH值4～8的土壤条件下生长良好。平均每公顷产鲜薯41 500～42 800千克。适应地区:平均温度在18℃以上、无霜期8个月以上的热带和南亚热带地区均可种植。

4. 华南8号木薯 审定登记年份:2004年。品种来源:由中国热带农业科学院热带作物品种资源研究所1996年利用引自泰国木薯CMR38-120的自然杂种F_1代优良单株的无性系后代经多代无性系系统选育而成。品种特征特性:株高1.8～2.5米,顶端分枝部位高,分枝短,株型紧凑。嫩茎五棱形,成熟茎圆形,外表皮灰绿色,内表皮深绿色。单叶互生,呈螺旋状排列。叶片掌状深裂,裂片披针形,暗绿色。叶柄绿色,叶节密。结薯集中,掌状平伸。薯块粗壮,圆锥形,大小均匀,大薯率高。块根干物质含量38%～42%,淀粉含量31%～32%,氢氰酸含量50～70毫克/千克,嫩茎叶含粗蛋白质18%～35%,适口性好。该品种无流行病虫害发生,耐旱,在pH值4～8的土壤条件下生长良好。平均每公顷产鲜薯41 500～42 800千克。适应地区:平均温度在18℃以上、无霜期8个月以上的热带和南亚热带地区均可种植。

5. 华南9号木薯 审定登记年份:2005年。品种来源:由中国热带农业科学院热带作物品种资源研究所于1990年利用海南地方收集的优良单株经多代无性系系统选育而成。品种特征特性:株高中等,顶端分枝角度小,分枝短,株型紧凑、呈伞形。一般分权3～5个,顶端嫩茎绿色,成熟老茎外表皮黄褐色,内表皮浅绿色。单叶互生,呈螺旋状排列。叶裂片椭圆形、暗绿色,叶柄紫红色。叶节密。结薯集中,掌状平伸。薯块粗壮,大小均匀,大薯率高,圆锥形。块根干物质含量41%～42%,淀粉含量30%～33%,氢氰酸含量30.5毫克/千克,鲜薯含粗蛋白质3.2%,嫩叶含粗蛋白质18%～35%,适口性好。该品种无流行病虫害发生,耐旱,在pH值4～7的土壤条件下生长良好。平均每公顷产鲜薯32 500～42 500千克。适应地区:平均温度在18℃以上、无霜期8个月以上的南亚热带地区均可种植。

第六章　水生饲料作物

水生植物在我国分布甚多,其中可作为饲料利用的有十几种。现主要介绍水葫芦、水浮莲、水花生、水竹叶、绿萍等五种。水生饲料作物有以下几个特点:一是利用水面生长,不占耕地,不与粮争地。二是繁殖方式以无性繁殖为主。三是繁殖速度快,产量高,比陆地生产要高出 10 倍甚至更多。四是鲜嫩多汁,适口性好,宜饲喂鸡、鸭、鹅、鱼及猪等。五是养殖容易,花工少,成本低。水生饲料作物的营养价值,虽然不能与豆类饲料作物相比,但因其具有上述优点,在南方水面多的地方,如广东、广西、湖南、湖北、四川、浙江、江苏等省、自治区群众仍在利用。20 世纪 70 年代曾大量向北方引种,如河北、山东、辽宁、吉林、黑龙江等省都曾引进试验过,在其生长季节中产量也很高,但因生长时间短,尤其是冬季不能自然越冬而未能推广和长期利用。

水生饲料中普遍应用的有四种,也常称"三水一萍",就是水葫芦、水浮莲、水花生和绿萍。上述四种水生饲料各有不同特点,其适应的环境及利用情况,总体比较相似,而具体又有不同。浙江一带常将这四种青饲料合理搭配,轮流放养、轮流利用,以满足全年青饲料的需要。根据对不同温度的要求,放养顺序为绿萍→水花生→水葫芦→水浮莲,而利用时期都在各自繁殖盛期,如早春与晚秋主要利用绿萍,夏季主要是水浮莲,而从春到秋接着绿萍都可搭配利用水葫芦、水花生。其次,在水面的利用上也不同。水浮莲适于肥水,水葫芦可耐瘦水,水花生能利用流水,绿萍则多用水田或浅水水面。

值得注意的是:栽培水生饲料作物,如不能很好地合理控制和利用,可能会给种植地区带来颇具争议的环境污染问题。所以要因地制宜,合理利用。

一、水 葫 芦

水葫芦又名凤眼莲、凤眼蓝、雨久花、洋水仙等。是野生水生植物的一种,原产于南美洲热带和亚热带地区,在我国珠江三角洲一带也有分布。长期以来,群众有用它作为青饲料的习惯,饲喂猪、鸭、鱼等。20 世纪 50 年代引到长江流域养殖利用,现在除用做青饲料外,在环境保护上也用做净化污水的材料。由于花色鲜艳,花期长,也可作为观赏植物。

(一)植物学特征

水葫芦是雨久花科凤眼莲属多年生浮水草本植物。

1. 根　须根发达,悬垂水中。

2. 茎　茎短缩,具有匍匐枝,叶腋间着生腋芽,由此发育成新株,株高 30~60 厘米。

3. 叶　叶丛生于短缩茎的基部。每株有叶 6~12 片。叶肾脏形,表面有蜡质、光滑。幼株叶柄中下部膨大如葫芦状,长大后呈圆柱状,为海绵组织,内含有大量空气,因而使整个植株浮于水面生长。

3. 花　为穗状花序,其上有花 9~19 朵、紫色,花瓣 6片。雄蕊 6 枚,3 长 3 短;雌蕊 1 枚,子房上位。花期 6~9月份。

4. 果实与种子　蒴果卵形。在北京地区观察,每个果实有种子 60~100 粒,多的可达 150 粒。种子比芝麻粒略小,褐色,一端稍圆,一端稍尖,呈枣核状,表面有棱纹(图6-1)。千粒重0.38克。果期8～10月份。

(二)生物学特性

水葫芦是喜温作物,气温达到13℃以上时开始生长,25℃以上时生长较快,而以30℃～35℃时生长最快。因此,高温多雨的华南地区全年可以生长,长江流域可以生长9个月,北京只能生长6个月。当温度降低到5℃时,要注意保护越冬,遇霜即枯

图6-1 水葫芦
1. 根 2. 叶 3. 花
4. 结实果穗 5. 果实 6. 种子

萎死亡。水葫芦适于静水中养殖,或在流动缓慢的水面生长,对酸碱不敏感,对水的深浅、肥瘦要求不严格,但以1～3米的肥水塘生长最好。生长速度快是水葫芦的特殊优点,很多地方的试验都证明了这一点。如北京夏季测定,每株平均2.6天增生1株,每月增生12～13株。大面积产量测定,5个月中增加4 000～5 000倍。湖南省测定,每株1.6天增生1株,每月增生15～17株。单株繁殖力测定,在238天中,由1株增加到1 800万株,其繁殖速度之高十分惊人。如何利用水生饲料的这一特点是很值得研究的。

(三)养殖技术

1. 放养　水葫芦在广东省一带自然越冬,当气温升高后生长速度逐渐加快。而在长江流域冬天需保护越冬,到春季终霜后温度达13℃以上时开始放养。水葫芦喜群生,放养时将越冬后的水葫芦苗移入大面积水面,每公顷至少放入7 500千克,成群易于生长。而且还要用稻草把、木框或竹圈等围住,适当固定,以免风吹浪打而分散,以后可随着水葫芦的生长不断放大围圈到成片为止。在安徽、江苏等省还有利用河流两旁水面放养的,中间留出行船航道,既可大量增加青饲料,又不影响航行。

水葫芦虽然在水肥、水瘦条件下均能生长,但是越肥的水产量越高。如在北京市调查,肥水塘每公顷产量达675 000～750 000千克,而瘦水塘为150 000～225 000千克。肥水塘中的植株苗壮,茎叶鲜绿,根粗而短;瘦水塘的植株矮小,茎叶黄绿,根细且长。在养殖过程中如发现植株长势较差、叶片发黄时,应及时追肥,追肥以腐熟的农家肥为宜,也可用1%～3%硫酸铵溶液喷洒,促进生长,增加产量。

水葫芦中常见的害虫为蚜虫,可采用40%乐果乳油1 000～2 000倍液喷洒,喷药后要经过15天才能饲用。在放养水葫芦的水塘中,有时也会产生水绵,影响水葫芦的生长,可撒草木灰或用2%～3%硫酸铜溶液喷洒即可消除。

当水葫芦繁殖成片或者长满坑塘时,即可采收。经常打捞,有利于水葫芦株体散开,保证有充足的营养面积,便于吸收阳光和养分,继续繁殖和生长。水葫芦分生能力很强,不断从叶腋间产生腋芽发育形成新株,繁殖快、产量高。珠江流域每公顷水面产量为750 000～1 500 000千克,长江流域

600 000～900 000 千克,北京地区为 450 000～750 000 千克。

2. 保护越冬　水葫芦在长江流域不能自然越冬,需要保护越冬。保护越冬有以下几种办法:①将种苗移到背风向阳的水塘边,加盖塑料薄膜,避免霜雪的伤害。②放入泉水或流动水,利用水温保持其生机。③将种苗移到留种田,然后慢慢洒水使根扎入泥中,在霜雪来临之前灌水淹没,霜雪过后立即排水晒苗,都能安全越冬。华北地区保护越冬必须采取自然日光温室或阳畦保种,有条件的地方还可利用温泉、自流井水或热电厂循环水保种,效果更好。

3. 种子繁殖　水葫芦在气温较高地区主要靠无性繁殖。冬季气温较低不能自然越冬的地方,除采取保护越冬办法外,也可采用种子繁殖。采种时要划出一块留种田,不打捞让果实能够成熟,当果皮变为褐色时即可采收。水葫芦的花谢后花梗逐渐弯入水中,种子是在水中成熟的,采种时捞出水葫芦,从弯曲的花梗上摘下成熟的果实,阴干脱粒。用种子繁殖,首先要育苗。选择成熟饱满的种子放在水里浸种 5 天,然后取出播在泡透水的泥面上,不覆盖,播后加水,保持水深 1 厘米左右,在温度达 20℃ 以上时 10 天即可发芽,25℃～30℃ 时 5 天即发芽。发芽后的幼苗生长比较缓慢,到长出葫芦叶能够漂浮水面时,一般需 45～60 天。在幼苗阶段,要注意施足农家肥,以促进生长。如出现水绵时要及时防治。当幼苗长出葫芦叶能漂浮时,即可移入水面放养,但以有 2～3 个分蘖后放养为好,这样的苗在水面较稳定,生长也快。

(四)营养价值和利用

水葫芦的利用方式多半生饲喂,将整棵水葫芦切碎或打浆饲喂,最好是先去掉根并洗净泥土后再饲喂。也可将打碎的水葫芦放入缸中压紧,让其自然发酵产生酸香味时再用。或者加2%酒药发酵后用,酒药可以加快发酵速度。青贮能保存青料中较多的养分,是制备冬、春饲料的良好方法。制作青贮时,先将水葫芦捞出晾晒1～2天,减少水分含量,然后铡碎入窖。窖址应选在地势较高的地方建立地上窖,以便能使多余水分排出。青贮时可与草粉、糠壳等粗料混贮,以吸收过多的水分。水葫芦与草粉的比例为3:1,下层草粉比上层可多些,然后压紧封严备用。水葫芦含水分多,柔嫩多汁,可作为猪、鸭、鹅、鱼等的青饲料。水葫芦的营养成分见表6-1。

表 6-1　水葫芦的营养成分　（%）

类　别	水　分	粗蛋白质	粗脂肪	粗纤维	无氮浸出物	粗灰分
茎　叶	91.98	2.38	0.27	0.91	3.70	0.76
根	92.53	2.16	0.17	0.85	3.66	0.63

二、水 浮 莲

　　水浮莲又名大叶莲、水莲花等。原产于热带和亚热带的淡水湖泊。在我国南方是群众广泛利用的一种高产青饲料。20世纪50年代,广东省农业厅总结推广了群众的经验,扩大了水浮莲的养殖,后来引种到长江流域,效果很好。70年代又大量北移到华北及东北地区试验,产量也较高。但由于水浮莲要求温度高,生长时间短,又不能自然越冬,虽然群众创造了很多保护越冬的办法和经验,终因花费大而未能在北方推广应用。因此,水浮莲是适于长江流域及其以南地区养殖的水生饲料。

（一）植物学特征

水浮莲为天南星科大藻属多年生草本植物。

1. 根 须根发达,悬垂水中。

2. 茎 主茎短缩,节间不明显,从短缩茎叶腋中伸出匍匐茎顶端形成新株,其先端可长出分枝。

3. 叶 叶簇生于短缩茎上排列成杯形,很像莲花,故名水浮莲。每株 6~12 片叶,叶片长楔形,两面都长有短茸毛,并具有发达的通气组织,故能漂浮于水面。

3. 花 花生于叶腋间,肉穗花序,具佛焰苞。雄花在上,雌花在下,雌雄同株异花。花小,淡黄色(图 6-2)。

4. 种子 浆果,内有种子 10~15 粒。种子腰鼓形,黄褐色。千粒重 1.55 克。

（二）生物学特性

水浮莲喜温暖湿润气候,生长期间需要较高的温度,15℃以上时开始生长,30℃~35℃时生长繁殖最快,低于 10℃时则会受到伤害。广东省、广西壮族自治区的大部分地区可全年生长,冬季生长较慢。长江流域 5~10 月份可在露天生长 6 个月。华北地区生长期短而不宜养殖。

水浮莲适于静水中生长,不宜在流动的河流中放养。水浮莲喜肥,要求氮肥比水葫芦、水花生高,在肥水中生长的植株肥壮,根粗而短,叶片深绿而厚,繁殖快,产量高。瘦水中的水浮莲植株瘦小,叶色黄绿,产量较低。

（三）养殖技术

1. 放养 广东省、广西壮族自治区一带养殖的水浮莲,

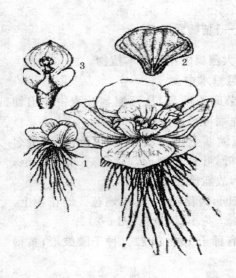

图 6-2 水浮莲

1. 植株 2. 叶的背面 3. 花序(放大)

在水面自然越冬,到春季气温升高、生长速度增快后根据具体情况适当增施肥料。而长江流域养殖的水浮莲,因冬季气温低不能自然越冬,必须加以保护越冬,翌年春季气温达到20℃以上时再移入坑塘放养。也有的地方春季用背风向阳的小塘加盖薄膜扩繁1次,以加快繁殖速度,然后再移入大水面放养。由于水浮莲群体生长比个体分散生长好,种苗越多,繁殖越快。因此,扩繁1次是比较适宜的。初期放养时,种苗少,容易被风浪刮散,需要像养水葫芦一样用框圈围住,使之群居生长,加速繁殖。

水浮莲需肥多,应在肥水塘养殖,而且还要注意追肥,肥料用腐熟的人粪尿或猪、禽粪较好,可根据其长势及时追施。常见的病虫害以蚜虫、黄萎病较多。蚜虫可用乐果防治,方法与水葫芦相同。黄萎病可用波尔多液或代森锌800倍液喷洒。

采收应在水浮莲长满坑塘水面时进行,每次捞取不要超过总水面的1/5,以保证其群居生长。同时将剩余植株均匀疏散,使每个单株都有较多的营养面积以利继续生长繁殖。

水浮莲产量各地不同,广东省每公顷水面 750 000~1 500 000 千克,长江流域每公顷水面 450 000~600 000 千克。

2. 保护越冬　水浮莲不耐低温,当气温低于 15℃时,就需要加以保护。广东省北部冬季有霜的地方,只要稍加保护即可越冬,如选背风向阳池塘,搭棚或盖塑料薄膜即可。长江流域越冬保护时间长达 5~6 个月,除了保持水温在 15℃以上外,还要注意水质清洁,没有杂草,及时追肥、喷水、灭虫等促使种苗健壮,才能越冬良好。具体保种方法有以下几种:①温室保种。包括玻璃温室和塑料薄膜温室。利用阳光或炉火保温,室内则用缸、盆、水池养护种苗。②阳畦保种。在阳畦下边铺一层马粪及秸秆等酿热物,然后将养殖种苗的容器置于酿热物上,利用其散发的热量保持温度。③温泉保种。温泉的水温较高,有温泉的地方可就地挖池,种苗置于池中,上边覆盖塑料薄膜,即可安全越冬。

3. 种子繁殖　适宜水浮莲养殖的地方,都是以无性繁殖为主。在不能自然越冬的地方,特别是保护越冬时间较长的地方,则可采用种子繁殖。最早进行种子繁殖的是江苏省和安徽省。

种子繁殖的第一步是采种。水浮莲的果实成熟后自行开裂,种子掉在水里或根上。因此,应注意及时采收。采种时将果实已成熟的水浮莲捞出放入清水中漂洗,使根上的种子落入水中,然后收取。也可以把即将成熟的水浮莲放入容器中,待成熟后的种子掉入容器,再收取种子。还可以将结实的水浮莲移入留种田,让其自然成熟落种,然后就地育苗。

育苗时,将成熟饱满的种子浸入 4~6 厘米深的水中,保持适当温度和光照即可发芽。水温 20℃~25℃时发芽较慢,30℃~35℃时发芽最快,5~9 天绝大部分发芽。因此,应保持较高温度为宜。种子发芽后,从水里自动浮到水面,长出叶片和根后生长加快,需要较多养分,这时要移到有肥泥的浅水中培养,当长出 5~6 片叶时开始分蘖,即为成苗,可转入坑塘培养。育苗过程中,要注意防治水绵,以免影响幼苗的生长发育。还要注意经常换水,防止白化苗的发生。用种子育成的苗比越冬苗适应性强,分蘖多,生长旺盛,增重也快,但是育苗需要 40 天成苗,时间较长。

(四)营养价值和利用

水浮莲捞出后要洗净泥土再饲喂,可以生喂,也可熟喂。为了避免寄生虫为害,最好熟喂或者制作成青贮料。青贮的方法与水葫芦相同。水浮莲纤维少,叶柔嫩,质量好,多用做猪饲料,也可饲喂鸭、鹅、鱼等,其营养成分见表 6-2。

表 6-2 水浮莲的营养成分 (%)

类　别	水　分	粗蛋白质	粗脂肪	粗纤维	无氮浸出物	粗灰分
鲜样	95.30	1.35	0.21	0.64	1.10	1.40

三、水 花 生

水花生又名喜旱莲子草、水苋菜、空心莲子草、木排草等。是一种野生水生植物,也是一种青绿饲料。原产于巴西,20世纪 20 年代传入我国,在江浙水网地区分布较多,群众用来养猪,后逐渐北移至华北、东北地区试种,亦因不能自然越冬,未能推广和长期应用。70 年代北京引进后曾利用数年,多在温泉及热电厂循环水中保种越冬,翌年春季天气转暖后移入坑塘放养。水花生比水葫芦、水浮莲更耐低温,所以能够较前两种水生饲料北移范围稍广。水花生多作为青饲料利用,也有制作绿肥的,但必须打碎,没有完整的茎节才能使用。养殖时必须使水花生浮在水面生长,避免与土壤接触,以免变成田间恶性杂草,影响农作物生长。

(一)植物学特征

水花生为苋科莲子草属多年生水陆两栖宿根性草本植物。

1. 根　须根系,每个茎节均能生根,须根十分发达。

2. 茎　茎圆形,中空,下部匍匐,上部直立水面。

3. 叶　单叶,对生,呈长卵形,全缘绿色。叶柄不明显。

4. 花　花梗自叶腋抽出,上端着生头状花序。花白色,两性。雄蕊 10 枚,雌蕊 1 枚(图 6-3)。

5. 种子　胞果扁平,卵圆形。种子细小。

(二)生物学特性

水花生耐寒性较水浮莲、水葫芦强。气温达到 0℃时即可萌芽生长,20℃～30℃时生长较快。5℃以下时地上部即枯萎。0℃以下、水塘尚未结冰时,在水中的根仍然能存活,翌年继续萌发生长。水花生是一种既能水生,又能旱生的两栖性植物,耐热性也较好,且能节节生根,到处生长,适应性很广泛,极容易养殖。它对环境条件要求不严格,水层深浅、水质肥瘦均能生长,坑塘、江湖也能繁殖。它适合于长江流域及其以南地区推广,北方有温泉和自然保种条件的地方也可推广种植。

(三)养殖技术

1. 放养　水花生夏季开花并能结实。但由于在长江流

图 6-3 水花生

1. 水下茎 2. 茎叶 3. 花 4. 雌蕊
5. 雄蕊(展开后) 6. 花被片 7. 苞片

域能够自然越冬,又有节节生根发芽、繁殖快的特点,所以均用茎蔓行无性繁殖,而不用种子繁殖。气温达到10℃以上时即可放养,将种苗剪成小段,每段2～4节,每公顷水面用种苗15000～22500千克。开始放养时种苗较少,容易被风刮散,可先放在背风的小坑塘边上养殖。如水面较大时,可用草绳在水面围成框格,然后将小段种苗3～5根扎成一束,间隔一定距离缚在草绳上,再在框格中的水面均匀撒上种苗,种苗的嫩芽应露出水面,以利于生长。水流较急的水面放养时还需要打上木桩,用粗绳或铁丝做成框架加以固定,然后再用草绳围成框格。

水花生的管理也与水葫芦相似,肥沃的坑塘,产量较高,所以要注意施肥,肥料以农家肥为好。水花生生长过程中,常常发生水绵危害,要及时防治。夏季有银纹夜盗虫为害时,采用90%敌百虫1500倍液,喷洒3～4次即可消灭。

水花生生长迅速,茎枝繁茂,放养1个月后水面上的茎叶高30厘米时,即可开始捞取利用。根据需要可成片成条采捞,捞后将留在水面的植株轻轻拨散,继续繁殖利用。产量较高,每公顷可产青饲料 300 000～450 000 千克。

2. 保护越冬 水花生耐寒性较强。在有霜的地方,也需要稍加保护才能安全越冬。采取的办法是:选择背风向阳的深水塘作为保种塘,将种苗置于塘边生长一段时间,下霜后上部茎叶因霜打而枯萎,枯萎的茎叶会自然倒伏在根茎上,起到保护作用。或者在水花生上边覆盖一层稻草,也可起到保护作用。只要根部及其生长点不受冻害,就可存活,一旦天气转暖后又能发芽生长。有温泉的地方可在温泉水中保种越冬。北京地区冬季气温达－10℃以下,但在热电厂循环水中保存的种苗也能安全越冬。

(四)营养价值和利用

水花生含水分高,茎叶柔嫩,多用做猪的青饲料,也可以饲喂羊、兔、鱼等。将水花生打成草浆饲喂鱼时,要加 0.2% 的食盐,以降低皂苷,鱼才能鲜食,不致中毒。水花生的营养成分见表 6-3。

表 6-3 水花生的营养成分 （%）

类 别	水 分	粗蛋白质	粗脂肪	粗纤维	无氮浸出物	粗灰分
鲜 样	90.79	1.28	0.15	2.03	4.29	1.46

四、水竹叶

水竹叶又名虾草、鸭儿草、肉草、竹叶草等。在广西、湖南、湖北等地水边、田边、低温地方均有野生。由于它产量高,质地柔嫩,有肉草之称,牲畜爱吃。群众用来饲喂猪、牛及鸭、鹅、鱼等,现在已是人工栽培的水生饲料。

(一)植物学特征

水竹叶是鸭跖草科水竹草属一年生草本植物。

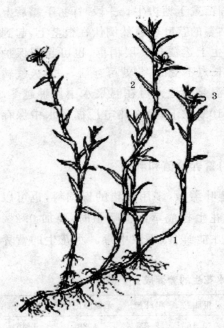

图6-4 水竹叶

1.茎 2.叶 3.花

1. 根 须根系,茎节具不定根。

2. 茎 茎圆形,中实,绿色,基部匍匐地面,节节生根。分枝茎从节上长出,直立,高50～80厘米。

3. 叶 叶绿色,单叶互生,披针形,叶脉平行似竹叶,故名水竹叶。

4. 花 花顶生,白色,周围淡紫色(图6-4)。

5. 果实与种子 果实为蒴果。种子小似粟,6～9枚,黑色,种皮厚并具不规则凸凹短纹,成熟时易脱落。

(二)生物学特性

水竹叶是一种适于水田种植的高产青饲料。喜在潮湿而土层深厚肥沃的土地上生长。喜温暖湿润气候,适宜生长的温度为18℃～25℃,在气温30℃以上或15℃以下时生长缓慢,遇霜冻则死亡。耐荫蔽,在树下、背阴处均能生长,匍匐茎节生根发苗,生长十分茂密,密度达到每平方米 5 000 株时下部叶仍然是绿色。水竹叶很耐肥,常在猪圈附近种植,可利用排出的猪粪尿以获得高产。

(三)养殖技术

水竹叶可以用种子繁殖,育苗移栽,也可以无性繁殖。生产上多半用茎无性繁殖,比较简单易行。春季将水竹叶种茎插入水田。也可将种茎均匀撒在田面,轻轻拍打,使根粘上泥土,以利于吸水,并且经常保持 3～6 厘米浅水层,很容易成活。水竹叶除了水田整地时每公顷施农家肥 30 000～45 000 千克作为基肥外,每次刈割后还应追肥。施肥前最好先排水,以提高肥效,施肥 2～3 天后再灌水。水竹叶病虫害少,在夏季有时发生黏虫为害,可用乐果 1 500 倍液或敌百虫 600～800 倍液喷杀。在有霜冻的地方,霜前灌深水防冻,霜后立即排水,通气透光,避免腐烂。夏季温度高,可利用流水或灌排方法降温,以保持正常生长。当水竹叶长到 40～50 厘米时即可刈割,留茬 5～10 厘米。收割时注意不要将茬踩入泥中,以免影响新芽再发。水竹叶 1 年可割 6～8 次,产量较高。广西壮族自治区每公顷产量 450 000～600 000 千克,湖南省每公顷产量 300 000～450 000 千克。

(四)营养价值和利用

水竹叶柔嫩多汁,适口性好,猪、牛、鸭、鹅、鱼均爱吃。一般切碎或打浆生饲喂,也可晾干用做饲料,还可以发酵制作青贮料,均能获得良好效果。水竹叶的营养成分见表 6-4。

表 6-4　水竹叶的营养成分　（%）

类　别	水　分	粗蛋白质	粗脂肪	粗纤维	无氮浸出物	粗灰分
鲜　样	89.00	1.51	0.37	2.41	4.38	2.33

五、绿　萍

　　绿萍又名红萍、满江红、三角藻、细绿萍等。它在适宜条件下为绿色，而在高温、低温、营养缺乏等不良条件下则变为红色，因而也叫红萍。它是热带、亚热带的一种浮水藻类植物，也是优良的青绿饲料，可以用来饲喂猪、禽、鱼等。长江流域及其以南地区分布较多，在水稻田养殖既能用做饲料，又能用做绿肥。20 世纪 70 年代从南方引入华北、东北试种，由于绿萍比水花生、水葫芦、水浮莲更耐低温，辽宁、黑龙江等省进行过大量试验，终因冬季温度过低，保种困难，未能大面积推广应用。

（一）植物学特征

　　绿萍为满江红科满江红属一年生藻类植物。萍体细小、扁平、呈三角形或圆形，浮生于水面。

　　1. 根　不定根，单生或丛生，多须根，密生根毛，悬垂水中。一般 5～10 天新根生出，老根脱落。

　　2. 茎　茎细短，常有 6～8 个分枝。

　　3. 叶　叶小，无柄，覆盖全茎。每叶由上下两片叠合而成。上片叶浮于水面，绿色；下片叶沉在水中，为鳞片状薄膜，红色或白色。上片叶的下方有一空腔，腔中有固氮蓝藻共生，蓝藻可固定空气中的氮素，增加绿萍营养；绿萍也供给蓝藻碳水化合物和无机盐维持其生存（图 6-5）。

（二）生物学特性

绿萍在 10℃左右开始生长,20℃～25℃时生长繁殖最快。低于 5℃、高于 35℃都不能生长,甚至死亡。因此,绿萍在南方适合于春、秋季节养殖,夏季需要保种;而北方可在春末、夏季和秋初养殖,冬季保种。各地因气温不同养殖时期也不一样,但是冬季寒冷时间过长的地方保种比较困难,则不适宜养殖。

图 6-5　绿　萍
1. 植株全形　2. 群体

绿萍喜湿,适宜的湿度为 85％～90％,这时繁殖最快,湿度低于 60％时萍体容易干燥老化甚至死亡。绿萍适于在中性或微酸性水中生长,对水质肥力要求不高,以中等肥力为好。绿萍还喜欢群体生长,繁殖较快,不宜散生。

（三）养殖技术

1. 放养　绿萍在大面积放养前都需要进行 1 次春繁,以扩大萍种数量。由于初春气温偏低,应选择背风向阳、排灌方便、比较肥沃的水田、沟塘作为春繁池或称萍母田。萍母田面要整平,每公顷施畜粪 7 500 千克、过磷酸钙 110 千克作为基肥。萍种田每公顷用萍苗 60 00～75 00 千克,密放密养或用草团围住,萍体间不留空白水面,但也不要使萍体重叠。萍种田经常保持浅水层 8～12 厘米,每隔 1 周换水 1 次,以保持水质清新。萍种繁殖到一定数量,萍体较厚或拥在一堆时要及时拍萍、分萍扩大繁殖,发现病虫害时要及时防治。

春繁后即可移入大面积水面放养,利用坑塘、河沟、稻田均可。但以水稻田放养较多,放萍种前要清理水面去除藻类杂草,以利于绿萍生长。在适宜的气候条件下,绿萍繁殖很快,产量高,每公顷可达 300 000～375 000 千克。绿萍喜群居生长,又不能重叠,当发现绿萍萍面起皱褶时,表明已有拥堆现象,应即采收,然后将其余绿萍拍平继续生长。绿萍因有固氮蓝藻共生可以固氮,施肥以磷肥为主,如发现因养分不足而使萍体变红或变暗灰色时,要及时追肥,仍需用少量氮肥与磷肥配合施用。

2. 越冬与越夏保护 绿萍在北方需要保护越冬,保种方式与水葫芦相同。南方夏季温度过高需要保护越夏。越夏的方法有以下三种:一是选择通风阴凉的沟塘保种。二是用地下水或泉水保种。三是选深水或搭凉棚保种。这三种方法均可起到良好的作用。在夏季保种期间由于气温高,病虫害较多,要注意防治。常见的病虫害有:①萍螟、萍灰螟。每公顷用 90％晶体敌百虫 750 克,对水 750 升喷于萍面。②萍象甲。每公顷用 50％～80％敌敌畏 750 克或 90％晶体敌百虫 900 克,对水 750 升喷洒萍面。③萍丝虫。每公顷用毒杀芬 1 500 克,30％亚胺硫磷乳剂 375 克,对水 750 升喷洒,也可拌细土撒入萍田,效果显著。④霉腐病。发病时萍体发黑,顶芽霉烂,可用 50％托布津 800～1 000 倍液喷洒防治。同时还要注意萍体不要过厚,要通风透气,以减轻危害。

(四)营养成分和利用

绿萍的粗蛋白质含量较高,纤维少,适口性好,是猪及鸡、鸭、鱼等的好饲料。一般是鲜饲喂,随捞随喂,十分方便。在有寄生虫的地方应熟喂,还要注意驱虫。也可以晒成干萍饲喂,或者与其他饲料混合制成颗粒料利用。绿萍的营养成分见表6-5。

表6-5 绿萍的营养成分 (%)

类 别	水 分	粗蛋白质	粗脂肪	粗纤维	无氮浸出物	粗灰分
鲜 萍	91.9	1.5	0.2	1.8	2.8	1.8

第七章 其他饲料作物

本章着重介绍聚合草及串叶松香草两种饲料作物,这是除豆类之外的蛋白质含量较高的饲料,在茎叶干物质中,其蛋白质含量在20%以上,而且产量也很高,在良好栽培条件下,每公顷产青饲料150 000千克,如果以蛋白质产量计算,每公顷获得的蛋白质比大豆高1~3倍。由于其产量高,要求的水肥条件也高,必须加强管理,才能丰产。

一、聚 合 草

聚合草又名紫草、肥羊草、友谊草、爱国草、俄罗斯紫草等。原产于北高加索和西伯利亚等地,后引入美洲、非洲、大洋洲及亚洲。1962年从日本及澳大利亚第一次引入我国,1972年又从朝鲜再次引入。首先在北京试种成功,表现较好,产量高,营养丰富,适合用做猪的青饲料,以后逐渐推广,不但北京郊区普遍种植,而且在全国十几个省、自治区推广,如四川、湖南、湖北、江苏、安徽、河北、山西、辽宁等省,都大量种植。黑龙江、吉林等省虽也试种成功,但因冬季温度太低不能越冬,未能推广。

(一)植物学特征

聚合草是紫草科聚合草属多年生草本植物。全株密布白色短刚毛。

1. 根 根系为粗大的肉质根,十分发达,主根与侧根不明显,根深 1 米以上,主要根系分布在 30～40 厘米的土层中。根颈部分粗大,可长出大量幼芽和叶片。

2. 茎　圆柱形,直立,向上渐细。抽茎后,茎高 80～150厘米。

3. 叶　茎生叶一般有 50～70 片,多的可达 150～200片。叶片长 40～90 厘米,宽 10～25 厘米。叶卵形、长椭圆形或披针形,先端渐尖或锐尖。抽茎前叶丛生,呈莲座状。

4. 花　茎顶端着生蝎尾状聚伞花序。花萼 5 裂,花冠筒状,上部膨大似钟形,淡紫色或黄白色。雄蕊 5 个。花柱丝状,柱头头状。结种子少。

5. 种子　为小坚果,黑褐色,半弯曲卵形,易散落(图 7-1)。

(二)生物学特性

聚合草喜温暖湿润气候。也比较抗寒,能在－20℃时安全越冬。－25℃时,根细胞则受到伤害引起烂根死亡。因此,冬季严寒的地方不宜种植。越冬后的植株在气温达到 10℃时返青,20℃以上时生长加快。夏季气温超过 35℃时,生长受到影响,而且易发生病害。聚合草茎叶繁茂,叶片大,需水需肥量也多,年降水量 600～800 毫米的地区适宜种植,雨量过高或过低都生长不好。对土壤的要求,以地下水位低,排水好,能灌溉,有机质多而肥沃的壤土为好。地下水位高及低洼易涝的地方容易引起烂根。聚合草开花多,但不结实或少量结实。无性繁殖能力很强,其根与茎均可再生成新的植株。聚合草再生性也很强,1 年可以刈割多次。

图 7-1　聚合草

1. 花　2. 花萼　3. 展开的花冠
4. 雌蕊　5. 果实　6. 根

（三）栽培技术

1. 整地、种植　聚合草根系粗大,入土较深。要求深耕松土,并施大量农家肥作为基肥,每公顷施农家肥 45 000 千克以上。聚合草主要靠无性繁殖。繁殖可采取分株、切根及茎秆扦插等多种方法,其中以切根繁殖简单易行。具体方法是:先做好苗床,然后选 1 年生、健壮无病的肉质根,切成 4～

7 厘米的根段,苗床开沟后将根段放入沟中,覆土 3～4 厘米厚,注意喷水,保持湿润,大约 20 天出苗。当苗高 15～20 厘米时即可移入大田栽植,栽后立即浇水,容易成活。分株繁殖是选健壮的植株连根挖出,按根茎上幼芽多少纵向切开,使每块根茎上都带有芽和根,直接栽植大田,大约 1 周即可长出新叶。用这种方法繁殖成活快,生长迅速,当年产量也较高。但繁殖系数较低,在种根供应充足的条件下可以采用。茎秆扦插,其优点是材料数量多,可以随时取用,比较方便。扦插的材料应选开花期粗壮的茎,切成 15 厘米左右的茎段,有 1～3 节,插于苗床上,扦插后要保持一定湿度,苗床上最好用帘子遮盖,使阳光不至于太强,以免水分蒸发过快。用这种方法也能取得成功,但成活率较前两种方法低。

2. 田间管理　聚合草是多年生高产饲料作物,对水肥要求较高,除栽植前施足基肥及每年冬、春季节施 1 次农家肥外,在每次刈割后都应追施速效氮肥并结合灌水。追肥可采用腐熟的农家肥,也可采用化肥,最好两者结合施用,以保持较长肥效及改善土壤质地。聚合草苗期生长缓慢,要注意中耕除草,生长期间特别是刈割后应根据杂草情况及时除草。聚合草病虫害较少,常见的是烂根死亡,多发生在南方高温多雨季节。因此,这类地区应注意开沟排水,避免地面积水。发现有烂根植株随时拔除,以防蔓延。遇有地下害虫时也要及时防治。

3. 收割　聚合草栽植后可以利用 10 年以上。当年定植的聚合草不宜早割,必须到开花期才能利用,以免影响幼苗的生长发育。翌年以后的植株,在现蕾至开花期就可以开始收割利用。由于它返青早,耐轻霜,在我国北方地区 5 月初即可开始收割利用,以后间隔 35～40 天收割 1 次。北京 1 年可收割 4～6 次,直至 9 月底为止。头两茬茎占一定比重,后几茬茎少叶多。割茬高度 5～6 厘米,每公顷产青饲料 120 000～150 000 千克。南方 1 年可收割 6～8 次,每公顷产青饲料 225 000～375 000 千克。

(四)营养价值和利用

聚合草是营养价值较高的青饲料,其干物质中的粗蛋白质含量与优良豆科牧草紫花苜蓿相似,粗纤维含量则低于苜蓿。因此,适合用做猪、鸡、鱼的饲料,也可作为牛、羊、兔的饲料。可以直接鲜饲喂,但其全身长有粗硬的短刚毛,在生长状态牲畜不爱采食。可粉碎或打浆后饲喂,柔软多汁,具有黄瓜清香味,为各种家畜喜食。还可单独调制成青贮料,也可与玉米秸、甜菜叶及胡萝卜缨等制成混合青贮料,品质更好。聚合草是非豆科蛋白质较高的饲料作物,特别富含赖氨酸、精氨酸和蛋氨酸。此外,聚合草含有生物碱——聚合草素,对动物有毒性。因此,在饲喂时,应配合少量精饲料或其他饲料。聚合草的主要营养成分见表 7-1。

表 7-1　聚合草的营养成分　(%)

类 别	水 分	粗蛋白质	粗脂肪	粗纤维	无氮浸出物	粗灰分
茎叶	7.4	21.7	4.5	13.7	36.4	16.3

二、串叶松香草

串叶松香草又名菊花草、法国香槟草等。原产于北美洲中部高草原地带,18 世纪引入欧洲,20 世纪 50 年代欧美及前苏联等国家已经种植。我国是在 20 世纪 70 年代末由北京植物园从朝鲜引入的,首先由中国农业科学院畜牧研究所试种成功,然后在全国推广。目前辽宁、山西、陕西、湖北、江苏、云南、上海及北京等省、直辖市都有种植。吉林、黑龙江等省试种后因不能安全越冬未能推广。

(一)植物学特征

串叶松香草为菊科松香草属多年生草本植物。

1. 根　根系发达,粗壮,支根多,主要分布在 10～30 厘米土层中。根颈上着生被鳞片包被的芽,每个芽均可发育成新枝。

2. 茎　茎直立、高大,株高达 2～3 米,茎四棱、呈正方形或菱形,上部分枝 6～9 个。

3. 叶　叶可分为基生莲座叶与茎生叶两种。一年生植株为莲座叶,十至数十片叶丛生。茎生叶对生,无柄。叶片长椭圆形,叶面有皱褶,叶缘有齿,长 38 厘米、宽 30 厘米。

4. 花　花为头状花序,顶生。花盘直径 2～2.5 厘米,边缘为舌状花,中间为管状花,黄色(图 7-2)。

5. 种子　种子为瘦果,心脏形,扁平,褐色,边缘有翅。每花序有种子 8～19 粒。千粒重 20 克。

(二)生物学特性

串叶松香草是适于温带种植的青饲料,有一定耐寒性,种子在 5℃时开始发芽,20℃～28℃时生长较快,也能耐 35℃以上的高温。在长江流域,夏季高温季节仍然生长良好。在华北及西北地区能够越冬,低于－20℃时易受冻害死亡。其根系发达,可吸收深层土壤水分,稍能耐旱,也稍能耐湿。它是需水肥较多的植物。适于在年降水量 450～1 000 毫米的地方种植。对土壤要求喜中性和微酸性肥沃的壤上,不宜在盐

207

碱地及贫瘠土壤种植。串叶松香草地下部分有强大的根茎,且能不断向四周蔓延,形成很多新的植株,数年即可扩展成一片,无性繁殖能力较强。串叶松香草为异花授粉植物,在阳光充足条件下,开花多,结实也多,可用种子繁殖,也可用营养器官繁殖。

(三)栽培技术

1. 轮作、整地、播种 串叶松香草植株高大,根系发达,产量高,多年利用消耗地力较重,容易造成土壤板结,肥力下降,不宜连作,最好种 3～4 年后

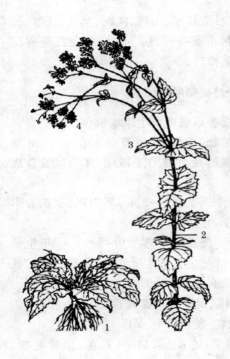

图 7-2 串叶松香草
1. 根 2. 茎 3. 叶 4. 花

再种豆类作物以恢复地力。串叶松香草要求土壤及水肥条件较高,应选好地,深耕细耙,消灭杂草,施足农家肥(每公顷 45 000～60 000 千克作为基肥,每年冬、春季节还应再施 1 次农家肥)。播种时间,可春播,也可夏播。播种量为每公顷 2.25～3.75 千克。行株距为 60 厘米×30 厘米或 50 厘米× 20 厘米,播种深度 2～3 厘米。除用种子直播外,也可育苗移

栽,当年即可利用。还可以用根进行无性繁殖,带芽的根移栽,很容易成活。

2. 田间管理 串叶松香草出苗后应及时间苗、定苗,根据土地肥力,每公顷留苗 45 000～90 000 株。由于幼苗生长缓慢,要及时中耕除草,以保证幼苗顺利生长,封垄前视杂草情况中耕 1～2 次。串叶松香草需肥多,除每年冬、春季节要施 1 次农家肥外,生长期间还要追肥,特别在每次刈割后都应施 1 次速效氮肥,也可用腐熟的农家肥或化肥。追肥与灌水同时进行。

3. 收获 串叶松香草播种当年不抽茎,只产生大量莲座叶,所以产量不高,每公顷 30 000～45 000 千克。翌年抽茎后,植株高度在 2 米以上,产量成倍增加。适宜的收割期为开花初期,以后每隔 40～50 天割 1 次,1 年可割 3～4 次。每公顷可产青饲料 150 000 千克,而以第一茬产量最高,可占全年总产量的 50％以上。种子产量每公顷 450～750 千克。

(四)营养价值和利用

串叶松香草含有丰富的蛋白质及维生素。其风干叶中含粗蛋白质为 22％,相当于优良的豆科牧草含量。胡萝卜素含量也较高,每千克鲜叶中含 4.25 毫克,略低于胡萝卜的含量。而且纤维少,柔嫩多汁,适口性好,消化率高,是猪、鸡、牛、兔、鱼的好饲料。一般切碎后生饲喂,或打浆饲喂猪、鱼,也可调制成青贮料,畜禽等均爱吃。串叶松香草是优良的青饲料,其营养成分见表 7-2。

表 7-2　串叶松香草的营养成分　（%）

类　别	水　分	粗蛋白质	粗脂肪	粗纤维	无氮浸出物	粗灰分	钙	磷
莲座叶	6.7	22.0	1.9	8.0	17.8	43.6	3.00	0.26
抽茎后茎叶	11.9	20.6	2.4	9.6	15.2	40.3	2.57	0.33

（五）国内登记品种介绍

79-233 串叶松香草　审定登记年份：1989 年。品种来源：1979 年由中国农业科学院畜牧研究所从朝鲜引入。原产于北美洲高原地带，朝鲜从加拿大引入。品种特征特性：地下由球形根茎和营养根两部分组成，根茎上有数个紫红色鳞片所包的根茎芽，第二年每个根茎芽形成一茎枝。播种当年只形成叶丛，无茎。第二年产生茎。茎多分枝、丛生、直立，株高 2～3 米。茎四棱，呈正方形或菱形。叶长椭圆形，叶面粗糙，两面均有稀疏茸毛。莲座叶及基生叶有柄，茎生叶无柄。对生，呈"十"字形排列，基部各占一棱，在另两棱处连接在一起，呈喇叭形，茎从中间穿过。无限花序，头状，着生在假二杈分枝的顶端，花冠黄色。串叶松香草冬性较强，通过春化阶段，需有一定大小的营养体和一定的低温条件。抗寒、抗高温，耐渍、耐酸，喜湿润，抗旱能力强，不耐瘠，耐盐碱能力差。一般每公顷产鲜草 120 000～150 000 千克。适应地区：适应地区广，我国北方除盐碱、干旱地区外，绝大部分地区均可种植利用。

附　录

饲料作物供种单位通讯录

饲料作物名称	供种单位	通讯地址	邮编
吉青 7 号饲用玉米	吉林省农科院玉米所	吉林省公主岭市	136100
农牧 1 号饲用玉米	黑龙江省畜牧所	黑龙江省齐齐哈尔市	161041
农牧 3 号饲用玉米	黑龙江省畜牧所	黑龙江省齐齐哈尔市	161041
农牧 5 号饲用玉米	黑龙江省畜牧所	黑龙江省齐齐哈尔市	161041
龙优 1 号饲用玉米	黑龙江省畜牧所	黑龙江省齐齐哈尔市	161041
辽青 85 青饲玉米	辽宁省农科院 玉米所	辽宁省沈阳市 东陵路 84 号	110161
华农 1 号青饲玉米	华南农业大学	广东省广州市石牌	510642
新多 2 号青饲玉米	新疆畜牧 科学院草原所	新疆乌鲁木齐市	830001
中原单 32 号玉米	中国农科院 原子能所	北京市海淀区 圆明园西路 2 号	100094
辽原 2 号青饲玉米	辽宁省农科院玉米所	辽宁省沈阳市 东陵路 84 号	110161
墨西哥类玉米	华南农业大学	广东省广州市石牌	510642
龙辐单 208 青贮玉米	黑龙江省农科院 玉米研究中心	黑龙江省哈尔滨市	150086
新青 1 号青贮玉米	新疆农科院 粮食所	新疆乌鲁木齐 南昌路 38 号	830000
龙育 1 号青贮玉米	黑龙江省农科院 作物育种所	黑龙江省哈尔滨市 南岗区	150086
黑饲 1 号青贮玉米	黑龙江省农科院 玉米研究中心	黑龙江省哈尔滨市	150086

饲料作物名称	供种单位	通讯地址	邮编
吉饲 8 号青贮玉米	吉林省农科院玉米所	吉林省公主岭市	136100
新沃 1 号青贮玉米	新疆沃特草业公司	新疆乌鲁木齐 西后街 31 号	830000
龙巡 32 号青贮玉米	黑龙江省 龙饲草业公司	黑龙江省哈尔滨市 南岗区	150000
耀青 2 号青贮玉米	广西南宁市 耀州种子公司	广西南宁市	530000
辽饲杂 1 号饲用高粱	辽宁省农科院高粱所	辽宁省沈阳市 东陵路 84 号	110161
辽饲杂 2 号饲用高粱	辽宁省农科院高粱所	辽宁省沈阳市 东陵路 84 号	110161
辽饲杂 3 号饲用高粱	辽宁省农科院高粱所	辽宁省沈阳市 东陵路 84 号	110161
沈农 2 号饲用高粱	沈阳农业大学农学系	辽宁省沈阳市东陵路	110161
皖草 2 号高粱 —苏丹草杂交种	安徽省明光市 高新技术所	安徽省明光市	239400
天农青饲 1 号高粱 —苏丹草杂交种	天津农学院	天津市西青区津静公路	300318
原甜 1 号饲用甜高粱	中国农科院原子能所	北京市海淀区 圆明园西路 2 号	100094
大力士饲用高粱	百绿（天津）国际 草业公司	北京朝阳区十里堡 京港城市大厦 4 号楼 9 层 C 室	100025
乐食高粱 —苏丹草杂交种	百绿（天津）国际 草业公司	北京朝阳区十里堡 京港城市大厦 4 号楼 9 层 C 室	100025
皖草 3 号高粱 —苏丹草杂交种	安徽科技学院	安徽省蚌埠市 东郊（凤阳）	233100
察北野大麦	河北省张家口市 饲草饲料工作站	河北省张家口市	075000

饲料作物名称	供种单位	通讯地址	邮编
军需 1 号野大麦	原解放军军需大学	吉林省长春市西安大路 175 号	130062
鄂大麦 7 号大麦	湖北省农科院粮食所	湖北省武昌南湖瑶苑	430064
蒙克尔大麦	中国农科院草原所	内蒙古呼和浩特市	010010
斯特泼春大麦	四川省古蔺县畜牧局	四川省古蔺县畜牧局	646500
丹麦 444 燕麦	青海省畜牧兽医科学院草原所	青海省西宁市	810003
哈尔满燕麦	中国农科院草原所	内蒙古呼和浩特市	010010
马匹牙燕麦	中国农科院草原所	内蒙古呼和浩特市	010010
苏联燕麦	青海省畜牧兽医科学院草原所	青海省西宁市	810003
青早 1 号燕麦	青海大学农牧学院	青海省西宁市宁张路	810016
青引 1 号燕麦	青海省畜牧兽医科学院草原所	青海省西宁市	810003
青引 2 号燕麦	青海省畜牧兽医科学院草原所	青海省西宁市	810003
冬牧 70 燕麦	江苏省太湖地区农科所	江苏省吴县市望亭北桥	215155
奥克隆黑麦	中国农科院作物育种栽培所	北京市海淀区中关村南大街 12 号	100081
中饲 507 黑麦	中国农科院作物育种栽培所	北京市海淀区中关村南大街 12 号	100081
中新 1881 小黑麦	中国农科院作物育种栽培所	北京市海淀区中关村南大街 12 号	100081
中饲 237 小黑麦	中国农科院作物育种栽培所	北京市海淀区中关村南大街 12 号	100081
中饲 828 小黑麦	中国农科院作物育种栽培所	北京市海淀区中关村南大街 12 号	100081
朝牧 1 号种子	辽宁省朝阳市畜牧所	辽宁省朝阳市	122000

続表 3

饲料作物名称	供种单位	通讯地址	邮编
海子 1 号湖南稷子	宁夏草原站	宁夏银川市	750001
宁夏无芒种	宁夏牧草种子检验站	宁夏银川市银新乡	750002
宁牧 26-2 美洲狼尾草	江苏省农科院土肥所	江苏省南京市孝陵卫	210014
宁杂 3 号美洲狼尾草	江苏省农科院土肥所	江苏省南京市孝陵卫	210014
宁杂 4 号美洲狼尾草	江苏省农科院土肥所	江苏省南京市孝陵卫	210014
公农 535 茶秣食豆	吉林省农科院畜牧分院草地所	吉林省公主岭市	136100
察北豌豆	河北省张家口市草原畜牧所	河北省张家口市	075000
中豌 4 号	中国农科院畜牧所	北京市海淀区圆明园西路 2 号	100094
中豌 8 号	中国农科院畜牧所	北京市海淀区圆明园西路 2 号	100094
品豌 2 号	中国农科院品种资源所	北京市海淀区中关村南大街 12 号	100081
团结豌豆 2 号	四川省农科院	四川省成都市静居寺路 20 号	610066
草原 7 号	青海省农林科学院	青海省西宁市	810016
中绿 1 号	中国农科院品种资源所	北京市海淀区中关村南大街 12 号	100081
中绿 2 号	中国农科院品种资源所	北京市海淀区中关村南大街 12 号	100081
明绿 245 号	中国农科院品种资源所	北京市海淀区中关村南大街 12 号	100081
公农苦荬菜	吉林省农科院畜牧分院	吉林省公主岭市	136100
龙牧苦荬菜	黑龙江省畜牧所	黑龙江省齐齐哈尔市	161041
蒙草苦荬菜	内蒙古农牧学院草原系	内蒙古呼和浩特市	010018

饲料作物名称	供种单位	通讯地址	邮编
红苋 D88-1	中国农科院 作物育种栽培所	北京市海淀区 中关村南大街 12 号	100081
红苋 K112	中国农科院 作物育种栽培所	北京市海淀区 中关村南大街 12 号	100081
红苋 K472	中国农科院 作物育种栽培所	北京市海淀区 中关村南大街 12 号	100081
红苋 M7	中国农科院 作物育种栽培所	北京市海淀区 中关村南大街 12 号	100081
红苋 R104	中国农科院 作物育种栽培所	北京市海淀区 中关村南大街 12 号	100081
绿穗苋 3 号	中国农科院 作物育种栽培所	北京市海淀区 中关村南大街 12 号	100081
千穗谷 2 号	中国农科院 作物育种栽培所	北京市海淀区 中关村南大街 12 号	100081
万安繁穗苋	江西省万安县 畜牧兽医站	江西省万安县	343800
万安繁穗苋	江西省畜牧 技术推广站	江西省南昌市蛟桥	330044
普那菊苣	山西省农科院 畜牧兽医所	山西省太原市	030032
中饲甜 201 甜菜	中国农科院甜菜所	黑龙江省哈尔滨市	150080
玉树蔓根	青海省铁卜加 草原改良站	青海省西宁市五四大 街 37 号北楼 416 室	810000
龙牧 18 号饲用南瓜	黑龙江省畜牧所	黑龙江省齐齐哈尔市	161041
华南 5 号木薯	中国热带农科 院农牧所	海南省儋州市	571737
华南 6 号木薯	中国热带农科 院农牧所	海南省儋州市	571737
华南 7 号木薯	中国热带农科院 品种资源所	海南省儋州市	571737

饲料作物名称	供种单位	通讯地址	邮编
华南 8 号木薯	中国热带农科院 品种资源所	海南省儋州市	571737
华南 9 号木薯	中国热带农科院 品种资源所	海南省儋州市	571737
79-233 串叶松香草	中国农科院畜牧所	北京市海淀区 圆明园西路 2 号	100094

参考文献

1　耿华珠,李聪,孙云越编著.饲料作物高产栽培.金盾出版社,1993

2　张文淑,苏加楷编著.饲料作物良种引种指导.金盾出版社,2005

3　全国牧草品种审定委员会编.全国牧草登记品种集(修订版).中国农业大学出版社,1999

4　陈宝书主编.牧草饲料作物栽培学.中国农业出版社,2001

5　董宽虎,沈益新主编.饲草生产学.中国农业出版社,2003

6　陈默君,贾慎修主编.中国饲用植物.中国农业出版社,2001

金盾版图书,科学实用,
通俗易懂,物美价廉,欢迎选购

优良牧草及栽培技术	7.50元	饲料添加剂的配制及应用	10.00元
菊苣鲁梅克斯籽粒苋栽		饲料作物良种引种指导	4.50元
培技术	5.50元	饲料作物栽培与利用	8.00元
北方干旱地区牧草栽培		菌糠饲料生产及使用技	
与利用	8.50元	术	5.00元
牧草种子生产技术	7.00元	配合饲料质量控制与鉴	
牧草良种引种指导	13.50元	别	11.50元
退耕还草技术指南	9.00元	中草药饲料添加剂的配	
草坪绿地实用技术指南	24.00元	制与应用	14.00元
草坪病虫害识别与防治	7.50元	畜禽营养与标准化饲养	55.00元
草坪病虫害诊断与防治		家畜人工授精技术	5.00元
原色图谱	17.00元	畜禽养殖场消毒指南	8.50元
实用高效种草养畜技术	7.00元	现代中国养猪	98.00元
饲料作物高产栽培	4.50元	科学养猪指南(修订版)	23.00元
饲料青贮技术	3.00元	简明科学养猪手册	9.00元
青贮饲料的调制与利用	4.00元	科学养猪(修订版)	14.00元
农作物秸秆饲料加工与		家庭科学养猪(修订版)	7.50元
应用(修订版)	14.00元	怎样提高养猪效益	9.00元
中小型饲料厂生产加工		快速养猪法(第四次修	
配套技术	5.50元	订版)	9.00元
常用饲料原料及质量简		猪无公害高效养殖	12.00元
易鉴别	13.00元	猪高效养殖教材	6.00元
秸秆饲料加工与应用技		猪标准化生产技术	9.00元
术	5.00元	猪饲养员培训教材	9.00元
草产品加工技术	10.50元	猪配种员培训教材	9.00元

猪人工授精技术 100 题	6.00 元	养猪防疫消毒实用技术	8.00 元
塑料暖棚养猪技术	8.00 元	猪链球菌病及其防治	6.00 元
猪良种引种指导	9.00 元	猪细小病毒病及其防制	6.50 元
瘦肉型猪饲养技术(修订版)	6.00 元	猪传染性腹泻及其防制	10.00 元
猪饲料科学配制与应用	9.00 元	猪圆环病毒病及其防治	6.50 元
中国香猪养殖实用技术	5.00 元	猪附红细胞体病及其防治	7.00 元
肥育猪科学饲养技术(修订版)	10.00 元	猪伪狂犬病及其防制	9.00 元
小猪科学饲养技术(修订版)	7.00 元	图说猪高热病及其防治	10.00 元
母猪科学饲养技术	9.00 元	实用畜禽阉割术(修订版)	8.00 元
猪饲料配方 700 例(修订版)	10.00 元	新编兽医手册(修订版)	49.00 元
猪瘟及其防制	7.00 元	兽医临床工作手册	42.00 元
猪病防治手册(第三次修订版)	16.00 元	畜禽药物手册(第三次修订版)	53.00 元
猪病诊断与防治原色图谱	17.50 元	兽医药物临床配伍与禁忌	22.00 元
养猪场猪病防治(第二次修订版)	17.00 元	畜禽传染病免疫手册	9.50 元
猪防疫员培训教材	9.00 元	畜禽疾病处方指南	53.00 元
猪繁殖障碍病防治技术(修订版)	9.00 元	禽流感及其防制	4.50 元
猪病针灸疗法	3.50 元	畜禽结核病及其防制	10.00 元
猪病中西医结合治疗	12.00 元	养禽防控高致病性禽流感 100 问	3.00 元
猪病鉴别诊断与防治	13.00 元	人群防控高致病性禽流感 100 问	3.00 元
断奶仔猪呼吸道综合征及其防制	5.50 元	畜禽营养代谢病防治	7.00 元
仔猪疾病防治	11.00 元	畜禽病经效土偏方	8.50 元
		中兽医验方妙用	10.00 元
		中兽医诊疗手册	39.00 元

家畜旋毛虫病及其防治	4.50 元	马病防治手册	13.00 元
家畜梨形虫病及其防治	4.00 元	鹿病防治手册	18.00 元
家畜口蹄疫防制	8.00 元	马驴骡的饲养管理	
家畜布氏杆菌病及其防		（修订版）	8.00 元
制	7.50 元	驴的养殖与肉用	7.00 元
家畜常见皮肤病诊断与		骆驼养殖与利用	7.00 元
防治	9.00 元	畜病中草药简便疗法	8.00 元
家禽防疫员培训教材	7.00 元	畜禽球虫病及其防治	5.00 元
家禽常用药物手册（第		家畜弓形虫病及其防治	4.50 元
二版）	7.20 元	科学养牛指南	29.00 元
禽病中草药防治技术	8.00 元	养牛与牛病防治（修订	
特禽疾病防治技术	9.50 元	版）	8.00 元
禽病鉴别诊断与防治	6.50 元	奶牛场兽医师手册	49.00 元
常用畜禽疫苗使用指南	15.50 元	奶牛良种引种指导	8.50 元
无公害养殖药物使用指		肉牛良种引种指导	8.00 元
南	5.50 元	奶牛肉牛高产技术（修	
畜禽抗微生物药物使用		订版）	7.50 元
指南	10.00 元	奶牛高效益饲养技术	
常用兽药临床新用	12.00 元	（修订版）	16.00 元
肉品卫生监督与检验手		怎样提高养奶牛效益	11.00 元
册	36.00 元	奶牛规模养殖新技术	17.00 元
动物产地检疫	7.50 元	奶牛高效养殖教材	4.00 元
动物检疫应用技术	9.00 元	奶牛养殖关键技术 200	
畜禽屠宰检疫	10.00 元	题	13.00 元
动物疫病流行病学	15.00 元	奶牛标准化生产技术	7.50 元

　　以上图书由全国各地新华书店经销。凡向本社邮购图书或音像制品，可通过邮局汇款，在汇单"附言"栏填写所购书目，邮购图书均可享受 9 折优惠。购书 30 元（按打折后实款计算）以上的免收邮挂费，购书不足 30 元的按邮局资费标准收取 3 元挂号费，邮寄费由我社承担。邮购地址：北京市丰台区晓月中路 29 号，邮政编码：100072，联系人：金友，电话：(010)83210681、83210682、83219215、83219217(传真)。